实验动物科学丛书 3

丛书总主编 / 秦川

I 实验动物管理系列

中国实验动物学会团体标准汇编及实施指南

（第一卷）

（上册）

秦 川 主编

科学出版社

北 京

内 容 简 介

本书收录了由全国实验动物标准化技术委员会（SAC/TC281）和中国实验动物学会实验动物标准化专业委员会联合组织编制的第一批中国实验动物学会团体标准及实施指南，分为四个部分：实验动物基础通用系列标准、实验动物管理系列标准、实验动物质量控制系列标准、实验动物检测方法系列标准。基础通用系列标准包括从业人员和术语 2 项。管理系列标准包括健康监测、小鼠大鼠命名、动物实验报告、动物实验偏倚、动物实验生物安全 5 项。质量控制系列标准包括树鼩、SPF 鸡、SPF 鸭、SPF 猪等 11 项。检测方法系列标准包括鸭 I 型肝炎病毒、牛棒状杆菌、小鼠诺如病毒、布鲁杆菌、螺杆菌、小鼠肝炎病毒、小鼠脑脊髓炎病毒、小鼠细小病毒（MPV 株和 MVM 株）、小鼠和大鼠微卫星 DNA 标记的检测方法 10 项，总计 28 项标准及相关实施指南。

本书适用于实验动物学、医学、生物学、兽医学研究机构和高等院校从事实验动物生产、使用、管理和检测等相关研究、技术和管理人员使用，也可供对实验动物标准化工作感兴趣的相关人员使用。

图书在版编目（CIP）数据

中国实验动物学会团体标准汇编及实施指南（第一卷）/ 秦川主编.
—北京：科学出版社，2018.3
ISBN 978-7-03-053996-0

Ⅰ. ①中… Ⅱ. ①秦… Ⅲ. ①实验动物学 - 标准 - 中国 Ⅳ. ① Q95-65

中国版本图书馆 CIP 数据核字（2017）第 175351 号

责任编辑：罗 静 / 责任校对：李 影
责任印制：张 伟 / 封面设计：北京图阅盛世文化传媒有限公司

科学出版社出版
北京东黄城根北街 16 号
邮政编码：100717
http://www.sciencep.com

北京厚诚则铭印刷科技有限公司 印刷
科学出版社发行 各地新华书店经销
*
2018 年 3 月第 一 版 开本：787 × 1092 1/16
2020 年 5 月第二次印刷 印张：36
字数：840 000

定价：258.00 元（上下册）

(如有印装质量问题，我社负责调换)

目　录

上　册

第一篇　实验动物基础通用系列标准

第二篇　实验动物管理系列标准

第三篇　实验动物质量控制系列标准

第四篇　实验动物检测方法系列标准

下 册

第一篇 实验动物基础通用系列标准

第二篇 实验动物管理系列标准

第三篇 实验动物质量控制系列标准

第四篇 实验动物检测方法系列标准

第一篇

实验动物基础通用系列标准

ICS 65.020.30
B 44

中国实验动物学会团体标准

T/CALAS 1—2016

实验动物　从业人员要求

Laboratory animal - Requirement for laboratory animal practitioner

2015-12-25　发布　　　　2016-01-01　实施

中国实验动物学会　发布

前　　言

本标准按照 GB/T 1.1—2009 给出的规则编写。

本标准附录 A 为规范性附录。

本标准由中国实验动物学会归口。

本标准由全国实验动物标准化技术委员会（SAC/TC281）技术审查。

本标准由中国实验动物学会实验动物标准化专业委员会提出并组织起草。

本标准起草单位：中国医学科学院医学实验动物研究所、中国农业大学、中国医科大学、首都医科大学、南京医科大学。

本标准主要起草人：秦川、赵德明、郑志红、魏强、王钜、陈振文、肖杭、孔琪。

实验动物　从业人员要求

1　范围

本标准规定了实验动物从业人员的分类、专业水平要求、技能等级培训及专业水平评定、管理要求等的通用要求。

本标准适用于实验动物从业人员的专业水平评定。

2　术语和定义

下列术语和定义适用于本文件。

2.1

实验动物从业人员 laboratory animal practitioner

从事实验动物或动物实验相关工作的各类人员，包括研究人员、技术人员、管理人员、实验动物医师、辅助人员、阶段性从业人员。

2.2

技能等级培训 skill level training

实验动物从业人员为获得本标准中的各类从业人员相关等级的技能进行的专业培训。

2.3

专业水平证书 professional level certificate

实验动物从业人员经过实验动物相关机构技能等级培训，经专业水平评定后，获得的专业水平证明。

2.4

实验动物技术人员 laboratory animal technician

从事实验动物饲育、动物实验技术工作的人员。

2.5

实验动物管理人员 manager of laboratory animal resource

从事实验动物和动物实验设施运行及资源管理工作的人员。

2.6

实验动物医师 laboratory animal veterinarian

从事实验动物疾病预防、诊断和治疗，护理和动物福利相关工作的人员。

2.7

实验动物研究人员 laboratory animal researcher

从事实验动物科学、技术研究工作的人员。

2.8

实验动物辅助人员 laboratory animal associate support practitioner

从事实验动物设施、设备运行维护、相关产品生产、运输、经营和废弃物处理等工作的人员。

2.9

实验动物阶段性从业人员 laboratory animal phased practitioner

工作中的某个阶段（通常为一年以内）从事实验动物或动物实验的医师、进修生等人员。

3 从业人员分类

根据实验动物从业人员所从事工作的性质分为以下六类。

3.1 实验动物技术人员系列

3.1.1 实验动物助理技师（assistant laboratory animal technician，ALAT）

3.1.2 实验动物技师（laboratory animal technician，LAT）

3.1.3 实验动物技术专家（laboratory animal technologist，LATG）

3.2 实验动物管理人员系列

3.2.1 实验动物管理师（manager of laboratory animal resource，MAR）

3.2.2 实验动物高级管理师（senior manager of laboratory animal resource，SMAR）

3.3 实验动物医师系列

3.3.1 实验动物助理医师（assistant laboratory animal veterinarian，ALAV）

3.3.2 实验动物医师（laboratory animal veterinarian，LAV）

3.3.3 实验动物高级医师（senior laboratory animal veterinarian，SLAV）

3.4 实验动物研究人员系列

3.4.1 实验动物初级研究员（junior laboratory animal researcher，JLAR）

3.4.2 实验动物中级研究员（laboratory animal researcher，LAR）

3.4.3 实验动物高级研究员（senior laboratory animal researcher，SLAR）

3.5 实验动物辅助人员（laboratory animal associate support practitioner，LASP）

3.6 实验动物阶段性从业人员（laboratory animal phased practitioner，LAPP）

4 从业人员专业水平要求

4.1 基本要求

4.1.1 遵守实验动物相关法律法规。

4.1.2 受过相应的专业教育和培训。

4.1.3 符合实验动物从业人员健康要求。

4.1.4 获得实验动物从业人员岗位证书。

4.2 工作年限及考试要求

4.2.1 实验动物技术人员系列

4.2.1.1 实验动物助理技师，需具备下列条件之一：

a）具有中专及以下学历，从事实验动物领域工作 2 年及以上，并通过 A-1 类考试；

b）具有大专及以上学历，通过 A-1 类考试。

4.2.1.2　实验动物技师，需具备下列条件之一：

a）获得实验动物助理技师证书后，继续从事实验动物领域工作 2 年及以上，并通过实验动物技术人员 A-2 类考试；

b）具有生物、医学类相关专业本科学历，从事实验动物领域工作半年及以上，通过实验动物技术人员 A-2 类考试。

4.2.1.3　实验动物技术专家，需具备下列条件之一：

a）具有大专及以上学历，获得实验动物技师证书后，继续从事实验动物领域工作 2 年及以上，并通过实验动物技术人员 A-3 类考试；

b）具有生物类、医学类相关专业研究生学历（学位），从事实验动物领域工作 2 年及以上，并通过实验动物技术人员 A-3 类考试。

4.2.2　实验动物管理人员系列

4.2.2.1　实验动物管理师，需具备下列条件之一：

a）具有本科学历，从事实验动物领域工作 5 年及以上，其中从事实验动物管理工作 3 年及以上，并通过实验动物管理人员 B-1 类考试；

b）具有管理类、生物类、医学类相关专业研究生学历（学位），从事实验动物领域工作 3 年及以上，其中从事实验动物管理工作 2 年及以上，并通过实验动物管理人员 B-1 类考试。

4.2.2.2　实验动物高级管理师：具有本科及以上学历，获得实验动物管理师证书后，继续从事实验动物管理工作 3 年及以上，并通过实验动物管理人员 B-2 类考试。

4.2.3　实验动物医师系列

4.2.3.1　实验动物助理医师：具有兽医学相关专业专科以上学历的人员，从事实验动物工作 1 年以上，通过实验动物医师 C-1 类考试。

4.2.3.2　实验动物医师，需具备下列条件之一：

a）获得实验动物助理医师证书或国家执业助理兽医师证书后，从事实验动物工作 2 年以上，通过实验动物医师 C-2 类考试；

b）具有兽医学相关专业本科及以上学历或获得国家执业兽医师后，从事实验动物工作 1 年以上，通过实验动物医师 C-2 类考试。

4.2.3.3　实验动物高级医师：获得实验动物医师证书后，继续从事实验动物工作 3 年以上，通过实验动物医师 C-3 类考试。

4.2.4　实验动物研究人员系列

4.2.4.1　实验动物初级研究员：获得国家认可的研究实习员或其他等同水平的职称后，通过实验动物研究人员 D-1 类考试；

4.2.4.2　实验动物中级研究员：获得实验动物初级研究员证书后，继续从事实验动物工作 2 年以上，通过实验动物研究人员 D-2 类考试。

4.2.4.3　实验动物高级研究员：获得实验动物中级研究员证书后，继续从事实验动物工作 2 年以上，通过实验动物研究人员 D-3 类考试。

4.2.5　实验动物辅助人员，需具备下列条件：

a）经过实验动物基础知识及基本技能培训；

b）获得所从事职业的基本技能专业水平证书。

4.2.6 实验动物阶段性从业人员，需具备下列条件：

a）经过实验动物基础知识及基本技能培训；

b）获得所从事职业的阶段性从业人员专业水平证书。

*4.2 中的工作年限可累积，实验动物从业人员专业水平考试分类见附录 A。

4.3 能力要求

4.3.1 实验动物技术人员系列

4.3.1.1 实验动物助理技师：掌握实验动物学及动物福利基础知识，实验动物饲养基本技能，了解实验动物健康、疾病预防与控制、设施管理、动物实验的准备等基本技能。

4.3.1.2 实验动物技师：掌握实验动物的繁育和动物实验基本操作技术，熟悉实验动物健康、疾病预防与控制、动物福利、设施管理、疾病模型动物基本概念和特征、饲育环境的检测技术等知识。

4.3.1.3 实验动物技术专家，需具备下列能力要求：

a）掌握实验动物科学基础理论；

b）掌握实验动物各品系饲育、保种技术、生物学特性和常用动物实验操作技术；

c）熟练掌握和运用实验动物健康、疾病预防与控制、动物福利、设施管理等知识，并具有解决工作中遇到实际问题的能力；

d）具有一定的组织、管理与培训实验动物助理技师和技师的能力。

4.3.2 实验动物管理人员系列

4.3.2.1 实验动物管理师，需具备下列能力要求：

a）掌握实验动物科学的基础知识和常规实践操作技能；

b）掌握实验动物福利、伦理和法规相关知识；

c）掌握实验动物设施运行管理与维护的基本知识和基本技能，并具有解决常见问题的管理能力；

d）具有管理实验动物和技术人员及实验动物环境设施的能力，有能力对实验动物从业人员进行培训。

4.3.2.2 实验动物高级管理师，需具备下列能力要求：

a）能够运用实验动物科学的理论知识和实践操作技能组织管理实验动物繁育、保种、育种、生产供应、动物实验及实验动物质量控制等；

b）掌握并运用实验动物福利、伦理和法规相关知识进行相应的管理工作；

c）熟练掌握实验动物设施运行管理与维护知识和技能，并具有解决实际问题的组织、管理能力；

d）有能力对实验动物从业人员进行相关的培训、人员调配及组织实施；

e）能够承担或参与实验动物相关课题研究。

4.3.3 实验动物医师系列

4.3.3.1 实验动物助理医师，需具备下列能力要求：

a）了解实验动物学及相关学科基础知识；

b）了解实验动物福利、伦理和法规相关知识；

c）熟悉实验动物疾病的诊断、监测、预防和治疗；

d）掌握实验动物保定和操作，安死术以及其他方法。

4.3.3.2 实验动物医师，需具备下列能力要求：

a）掌握实验动物学及相关学科基础知识；

b）掌握实验动物福利、伦理和法规相关知识；

c）掌握实验动物疾病的诊断、监测、预防、治疗；

d）监督指导实验动物保定和操作，安死术以及其他方法的监督和指导。

4.3.3.3 实验动物高级医师，需具备下列能力要求：

a）掌握实验动物学及相关学科基础知识；掌握实验动物福利、伦理和法规相关知识；对实验动物疾病进行诊断、监测、预防、治疗、处置及相应的组织实施；

b）监督指导实验动物相关操作；

c）为实验动物研究人员提供专业指导及培训。

4.3.4 实验动物研究人员系列

4.3.4.1 实验动物初级研究员，需具备下列能力要求：

a）了解实验动物一般生物学特性、饲养、微生物学、疾病学等基本相关知识；

b）了解实验动物福利、伦理和法规相关知识；

c）掌握动物实验基础理论知识及实验操作技术。

4.3.4.2 实验动物中级研究员，需具备下列能力要求：

a）掌握实验动物一般生物学特性、饲养、微生物学、疾病学等基本相关知识；

b）掌握实验动物福利、伦理和法规相关知识；

c）掌握动物实验基础理论知识及实验操作技术；

d）具有参与完成实验动物相关课题研究的能力。

4.3.4.3 实验动物高级研究员，需具备下列能力要求：

a）熟练掌握实验动物学及相关学科基础知识，了解实验动物科学发展的前沿知识，科学地开展实验动物及动物实验研究；

b）具有独立承担实验动物相关课题研究的能力，能够独立进行科研设计、课题实施，并为实验动物研究人员提供专业指导及培训等。

4.3.5 实验动物辅助人员：熟练掌握相关专业技术领域知识和技能并具有解决实际问题的实践能力。

4.3.6 实验动物阶段性从业人员，需具备下列能力要求：

a）了解实验动物基础知识；

b）掌握所从事职业的基本技能。

5 技能等级培训及专业水平评定

5.1 技能等级培训

5.1.1 培训机构：各级实验动物从业人员培训机构经国家级实验动物学会审批、认可后，方可开展实验动物从业人员技能等级培训。

5.1.2 培训对象：拟申请专业水平评定的实验动物从业人员。

5.1.3 培训考试：国家实验动物学会组织从业人员专业水平考试。

5.2 专业水平评定

5.2.1 国家级实验动物学会负责实验动物从业人员职业专业水平的评定及证书的颁发。

5.2.2 国家级实验动物学会应针对不同分类、不同级别的从业人员制定每年需完成的继续教育学分的要求。

5.2.3 继续教育的形式：国家级、省级相关专业的继续教育、会议及培训。

6 管理要求

（1）国家级实验动物学会是实验动物从业人员职业技能等级培训及专业水平评定的行业主管机构。

（2）国家级实验动物学会负责对培训机构进行评估和认证以及培训课程的制定。

附 录 A

实验动物从业人员专业水平考试分类

（资料性附录）

从业人员分类	专业水平名称	考试类别
实验动物技术人员系列	实验动物助理技师	A-1 类考试
	实验动物技师	A-2 类考试
	实验动物技术专家	A-3 类考试
实验动物管理人员系列	实验动物管理师	B-1 类考试
	实验动物高级管理师	B-2 类考试
实验动物医师系列	实验动物助理医师	C-1 类考试
	实验动物医师	C-2 类考试
	实验动物高级医师	C-3 类考试
实验动物研究人员系列	实验动物初级研究员	D-1 类考试
	实验动物中级研究员	D-2 类考试
	实验动物高级研究员	D-3 类考试

注：每类从业人员的具体要求和考试内容由国家级实验动物学会另文制定。

ICS 65.020.30
B 44

中国实验动物学会团体标准

T/CALAS 2—2017

实验动物 术语

Laboratory animal - Nomenclature

2017-05-18 发布 2017-05-18 实施

中国实验动物学会 发布

前　　言

本标准按照 GB/T 1.1—2009 给出的规则编写。

本标准由中国实验动物学会归口。

本标准由全国实验动物标准化技术委员会（SAC/TC281）技术审查。

本标准由中国实验动物学会实验动物标准化专业委员会提出并组织起草。

本标准起草单位：中国医学科学院医学实验动物研究所、中国食品药品检定研究院。

本标准主要起草人员：秦川、孔琪、魏强、岳秉飞、刘云波。

实验动物　术语

1　范围

本标准界定了实验动物常用术语的定义或释义。

本标准适用于实验动物领域的各项工作，特别是实验动物标准的编写和实施。

2　规范性引用文件

下列文件对于本文件的应用是必不可少的。凡是注日期的引用文件，仅所注日期的版本适用于本文件。凡是不注日期的引用文件，其最新版本（包括所有的修改单）适用于本文件。

GB 14922.1《实验动物　寄生虫学等级及监测》

GB 14922.2《实验动物　微生物学等级及监测》

GB 14923《实验动物　哺乳类实验动物的遗传质量控制》

GB 14924.1《实验动物　配合饲料通用质量标准》

GB 14924.2《实验动物　配合饲料卫生标准》

GB 14924.3《实验动物　配合饲料营养成分》

GB 14925《实验动物　环境及设施》

3　基本术语

GB 14922.1、GB 14922.2、GB 14923、GB 14924.1、GB 14924.2、GB 14924.3、GB 14925 中的术语和定义适用于本文件。当本文件中的术语和定义与国家标准冲突时，以国家标准为准。

3.1

实验动物 laboratory animal

经人工饲育，对其携带的微生物实行控制，遗传背景明确或者来源清楚的，用于科学研究、教学、生产、检定以及其他科学实验的动物。

3.2

动物实验 animal experiment

使用实验动物或其他动物开展的科学研究、教学、检定以及其他科学实验活动。

3.3

动物模型 animal model

为研究人类生命现象、人类疾病发生或发展过程中的各种变化、研制和评价各种药物疗效时，所制作和使用的处于某种特定的生理或病理状态的活体动物。

3.4

实验动物学 laboratory animal science

以实验动物资源研究、质量控制和利用实验动物进行科学实验的一门综合性交叉学科。

3.5

比较医学 comparative medicine

类比研究人类与动物、动物与动物之间的健康与疾病状态的一门综合性基础学科。

3.6

实验动物医学 laboratory animal medicine

研究实验动物疾病的诊断、治疗、预防、控制，以及在生物医学领域应用的学科。

3.7

实验动物管理 laboratory animal management

各级行政、行业部门或机构对实验动物及相关领域活动的管理活动。

3.8

实验动物微生物学 laboratory animal microbiology

研究实验动物微生物的分类学、生物学特性以及与人类和动物之间相互关系的学科。

3.9

实验动物营养学 laboratory animal nutriology

研究饮水、饲料（营养素）与实验动物机体生长、发育、繁殖、健康及实验结果关系的学科。

3.10

实验动物环境生态学 laboratory animal environmental ecology

研究实验动物生存的环境与条件，包括理化因素、营养因素、栖居环境、生物因素对实验动物健康影响等的学科。

3.11

实验动物遗传学 laboratory animal genetic science

主要研究实验动物的遗传改良和遗传控制，培育新的动物品系和各种动物模型，以及野生动物、家畜、鱼类和线虫等实验动物的学科。

3.12

实验动物行为学 laboratory animal behavior

以实验动物为实验对象，从动物的解剖学、生理学角度研究实验动物的行为及行为变化，探讨这些行为变化以及产生这些变化的原因和意义，并将其应用于动物及人类生命科学研究的学科。

3.13

实验动物福利 laboratory animal welfare

人类保障实验动物健康和快乐生存权利的理念及其提供的相应外部条件的总和。

3.14

比较生物学 comparative biology

对不同种动物（包括人类）的生物学特性进行类比研究的一门综合性基础学科。

3.15

实验动物废弃物 laboratory animal waste

实验动物饲育和动物实验过程中，产生的实验动物尸体、肢体、器官、组织、样本、排泄物、分泌物等在一定时间和空间范围内基本或者完全失去使用价值，无法回收和利用的排放物。

3.16

实验动物从业人员 laboratory animal practitioner

从事实验动物或动物实验相关工作并取得劳动报酬或经营收入的各类人员，包括科研人员、技术人员、管理人员、实验动物医师、辅助人员、阶段性从业人员。

3.17

实验动物质量检测 quality detection of laboratory animal

检查和验证实验动物质量及其保障条件是否符合有关标准规定的活动，包括实验动物遗传、微生物、寄生虫、病理、饲料、环境等。

4 实验动物术语

4.1

小鼠 mouse

来源于小家鼠，为啮齿目、鼠科、小鼠属。毛色多样，以白色居多。经长期人工饲养和培育，已培育成数千种品系。是使用量最大、品系最多、研究最详尽的一类啮齿类实验动物。

4.2

大鼠 rat

来源于野生褐家鼠，为啮齿目、鼠科、大鼠属。毛色多样，以白色居多。经长期人工饲养和培育，已培育出数百种品系。外观似小鼠而体形较大。是使用量、品系数和研究应用仅次于小鼠的一类啮齿类实验动物。

4.3

豚鼠 guinea pig

来源于秘鲁野生豚鼠，为啮齿目、豚鼠科、豚鼠属。毛色多样。经过长期人工饲养和培育，已培育出数十种品系，对致敏物质敏感的一类啮齿类实验动物。

4.4

地鼠 hamster

来源于野生地鼠，为啮齿目、仓鼠科、仓鼠属。毛色金黄色或灰色、体形小。经过长期人工饲养和培育，已培育出数十种品系，常用于生物医药研究的一类啮齿类实验动物。

4.5

兔 rabbit

来源于家兔，为兔形目、真兔属。经人工饲养、繁育，对其携带的微生物及寄生虫进行控制培育而成的一类兔形目实验动物。

4.6

犬 dog

来源于宠物犬，为食肉目、犬科、犬属。经过人工饲养和培育的一类犬类实验动物，常用的是比格犬（Beagle dog）。

4.7

鸡 chick

来源于家鸡，为鸡形目、鸡亚目、雉科、雉亚科、鸡属。经过人工饲养和培育的一类禽类实验动物。作为实验动物主要是无特定病原体（SPF）鸡。

4.8

鸭 duck

来源于家鸭，为雁形目、鸭科、河鸭属。经过人工饲养和培育的一类禽类实验动物。作为实验动物主要是无特定病原体（SPF）鸭。

4.9

小型猪 miniature swine

来源于家养迷你猪或小香猪，为偶蹄目、野猪科、猪属。经过人工饲养和培育的一类哺乳类实验动物。

4.10

鱼 fish

来源于野生或养殖鱼类，包括软骨鱼纲和硬骨鱼纲。经过人工饲养和培育的一类水生鱼类实验动物。常用的有斑马鱼、青鳉、稀有鮈鲫、红鲫、剑尾鱼等。

4.11

猴 monkey

来源于野生猴，为灵长目，猴科动物的统称。经过人工饲养和培育的一类猴科实验动物。常用的有猕猴（恒河猴）、食蟹猴、狨猴、松鼠猴、狒狒等。

4.12

猫 cat

来源于宠物猫或野猫，为食肉目、猫科、猫属。具有一些特殊的生物学特性和疾病特点，经过人工饲养和培育而成的一类猫科实验动物。我国常见的是虎皮猫。

4.13

树鼩 tree shrew

来源于野生树鼩，为攀鼩目、树鼩科、树鼩属。经过人工饲养和培育而成的一种外形似松鼠的小型哺乳类实验动物。

4.14

雪貂 ferret

来源于野生或宠物貂，为食肉目、鼬科、貂属。经过人工饲养和培育而成的一类哺乳类实验动物。经驯化供实验的雪貂毛色呈野生色或白化的，体毛呈淡黄色。

4.15

土拨鼠 woodchuck

来源于野生土拨鼠，为啮齿目、松鼠科、旱獭属，也叫旱獭。经过人工饲养和培育而成的一类旱獭属实验动物。

4.16

牛 cattle

一种常用于畜牧兽医领域研究的实验动物，为偶蹄目、反刍动物亚目、洞角科、牛亚科。

4.17

羊 sheep

一种常用于畜牧兽医领域研究的实验动物，为偶蹄目、牛科、羊亚科。

5 动物实验术语

5.1

生理学实验 physiological experiment

在人工控制的特定条件下，对生命现象进行客观观察和分析，以获取生理学知识的一种研究手段。

5.2

毒理学实验 toxicity experiment

以人为设置的某种给药方式，观察和测定化学品、保健品、中药、生物制品、兽药、农药等外源性物质，在高于治疗剂量或长期接触条件下，对机体可能产生毒性作用的实验。

5.3

行为学实验 behaviour experiment

在自然界或实验室内，以观察和实验方式对产生行为的动物或接受行为的动物进行各种行为信息的检测、采集、分析和处理，研究其行为信息的生理和病理意义。

5.4

外科学实验 surgery experiment

以实验动物为研究对象，使用外科学技术开展的实验研究。

5.5

影像学技术 imaging technology

应用影像学设备，对活体状态下的实验动物生物过程进行整体、组织、细胞和分子不同层面上的定性和定量研究的技术。

6 动物模型术语

6.1

生理动物模型 physiology animal model

一些健康动物固有的生物学和生理学特征，与人类或其他动物的某些生理特征或疾病表现类似，可直接作为研究人类生理或疾病机制的实验动物。

6.2

疾病动物模型 animal model for the study of disease

在生物医学科学研究中所建立的具有人类或动物疾病模拟性表现的实验动物。

6.3

自发性动物模型 animal model for spontaneous disease

未经任何有意识的人工处置而自然发生疾病的实验动物。

6.4

诱发性动物模型 induced animal model

通过物理、化学、生物的致病因素或复合致病因素人工诱发产生疾病的实验动物。

6.5

病理性动物模型 pathologic animal model

具有某类疾病特征性病理改变的实验动物。

6.6

遗传工程动物模型 genetically engineered animal model

使用转基因技术、基因打靶技术或基因组编辑技术等各种基因重组技术手段，人为地修饰、改变或干预生物原有 DNA 的遗传组成，并能产生稳定有效遗传的新品系实验动物。

6.7

中医证候动物模型 traditional chinese medicine syndromes animal model，TCM animal model

利用化学、物理、生物等因素，表现出病理状态的中医“证候”的实验动物。

6.8

免疫缺陷动物 immunodeficiency animal

由于先天性遗传突变或用人工方法造成一种或多种免疫系统组成成分缺失的动物。

6.9

模式动物 model animal

已经完成标准化、模式化，研究较为透彻的实验动物，包括小鼠、大鼠、斑马鱼、果蝇、线虫等。

7 实验动物从业人员术语

7.1

通用要求 general requirement

或称基本要求，为某一领域广泛使用的基础规范。

7.2

技能等级培训 skill level training

实验动物从业人员为获得本标准中的各类从业人员相关等级的技能进行的专业培训。

7.3

专业水平证书 professional level certificate

实验动物从业人员经过实验动物相关机构技能等级培训，经专业水平评定后，获得的专业水平证明。

7.4

实验动物技术人员 laboratory animal technician

从事实验动物饲育、动物实验技术工作的人员。

7.5

实验动物管理人员 manager of laboratory animal resource

从事实验动物和动物实验设施运行及资源管理工作的人员。

7.6

实验动物医师 laboratory animal veterinarian

从事实验动物疾病预防、诊断和治疗，护理和动物福利相关工作的人员。

7.7

实验动物研究人员 laboratory animal researcher

从事实验动物科学、技术研究工作的人员。

7.8

实验动物辅助人员 laboratory animal associate support practitioner

从事实验动物设施、设备运行维护、相关产品生产、运输、经营和废弃物处理等工作的人员。

7.9

实验动物阶段性从业人员 laboratory animal phased practitioner

工作中的某个阶段（通常为一年以内）从事实验动物或动物实验的医师、进修生等人员。

7.10

职业健康与安全 occupational health and safety

实验动物从业人员在因接触活体实验动物、组织、体液、废弃物而面临的潜在危害，可能会影响其健康和安全。

8 比较医学术语

8.1

比较生理学 comparative physiology

用比较的方法研究不同物种之间以及生物体内部各器官生理功能特征相似和差异的一门学科。

8.2

比较病理学 comparative pathology

用比较的方法研究不同物种或同一物种在不同时期疾病发生的原因、发生机制、发展规律以及疾病过程中机体的形态结构、功能代谢变化和病变转归的学科。

8.3

比较解剖学 comparative anatomy

用比较的方法研究动物的形态结构和生理功能差异，找出它们在系统发生上的关系，从而阐明进化途径和规律的学科。

8.4

比较胚胎学 comparative embryology

用比较的方法研究动物胚胎发生过程和规律的学科。

8.5

比较毒理学 comparative toxicology

用比较的方法研究动物在外源性的化学、物理和生物因素作用下而引起的各种相同或不同有害反应的学科。

8.6

比较免疫学 comparative immunology

用比较的方法研究动物在进化过程中，免疫系统及其功能的发生发展的学科。

8.7

比较神经生物学 comparative neurobiology

用比较的方法研究动物神经系统的结构、功能、发育、遗传学、生物化学、生理学、药理学及病理学，以揭示其功能与进化规律的学科。

8.8

比较基因组学 comparative genomics

对不同物种的同源基因在基因组水平上进行比较分析，以揭示其功能与进化规律的学科。

8.9

比较心理学 comparative psychology

用比较的方法系统研究动物行为和能力的心理学分支学科。

8.10

比较行为学 comparative behavioristics

用比较的方法研究动物行为的生物学内涵及其与人类行为的共性与差异的学科。

9 实验动物医学术语

9.1

保定 restraint，fixation of animal

使用手或器械对动物个体的活动作部分或完全限制，以便进行检查、采样、给药、治疗或进行实验等操作。

9.2

镇痛 acesodyne

可缓解或消除疼痛的处理方式。

9.3

麻醉 anesthesia

用药物或其他方法使动物整体或局部暂时失去感觉，以达到无痛的进行手术、治疗等操作。

9.4

安死术 euthanasia

人道的终止动物生命的方法，最大限度地减少或消除动物的惊恐和痛苦，使动物安静地和快速地死亡。

9.5

疾病预防 disease prevention

以实验动物为对象，以质量保障为目标，以消除影响实验动物质量的危险因素为主要内容的卫生策略与措施。

9.6

疾病诊断 disease diagnosis

从实验动物医学角度对实验动物的精神和体质状态作出的判断。

9.7

疾病治疗 disease treatment

干预或改变特定实验动物健康状态的过程和措施。

9.8

兽医护理 veterinary care

诊断和处理受试实验动物现存的或潜在的健康问题的过程。

9.9

外科手术 surgery

通过外科设备或仪器，经专业人员的操作，进入实验动物机体或组织，以外力方式排除病变、改变构造或植入外来物的处理过程。

9.10

人兽共患病 zoonoses

在脊椎动物与人类之间自然传播的、由共同的病原体引起的、流行病学上又有关联的一类疾病。

9.11

实验动物检疫 laboratory animal quarantine

按照国家相关法规和标准，对实验动物进行隔离检查，以防止动物传染病的传播所采取的综合措施。

9.12

实验动物免疫接种 laboratory animal immunization

利用人工方法将免疫原或免疫效应物质输入到动物体内，使机体通过自动免疫或被动免疫方法获得防治某种传染病的能力，以保证动物存活率和质量。

10　实验动物管理术语

10.1

实验动物福利与使用管理委员会（简称管委会）Institutional Animal Care and Use Committee（IACUC）

审查和监管实验动物的使用及福利伦理工作的组织。

10.2

实验动物饲养管理 laboratory animal breeding husbandry

对实验动物饲养相关人员、实验动物、饲料、垫料、物品、环境、设施设备和饲养行为等的管理。

10.3

实验动物质量控制 laboratory animal quality control

满足实验动物质量国家标准要求而进行的管理活动。

10.4

实验动物健康监测 laboratory animal health monitoring

检测实验动物是否符合健康要求的质量控制措施，包括实验动物进入设施前的健康筛查和在设施内健康状况变化的监测控制。

10.5

实验动物设施管理 laboratory animal facilities management

通过对实验动物及其相关的设施、设备、人员、物品、空气等要素进行规范化管理，保障实验动物设施条件和实验动物质量的标准化，进而保证实验动物质量和动物实验结果的可靠性。

10.6

实验动物从业人员管理 laboratory animal practitioner management

对实验动物从业人员资质、教育培训、职业健康、安全防护等方面的管理，以保证实验动物各项活动顺利开展。

10.7

实验动物饲料管理 laboratory animal diet management

从饲料原料选择、生产加工到成品以及生产过程中的虫害、安全及卫生管理的全过程。

10.8

实验动物废弃物管理 laboratory animal waste management

对实验动物在饲养、实验过程中产生的固体、液体和气体废弃物的规范化管理和有效处置，以防止对人、动物和环境的危害和污染。

10.9

实验动物进出口管理 laboratory animal import and export administration

对从国外进口和向国外出口实验动物及其相关物品的机构、审批、检疫、许可、生物学资料等相关事项进行管理。

10.10

实验动物管理系统 laboratory animal management system

针对实验动物机构的管理特点，系统采用软硬件结合技术，实现记录动物来源、预约动物、刷卡开笼、出入库、动物手术、动物实验情况等的管理信息平台。

11 实验动物微生物学术语

11.1

普通级（基础级）实验动物 conventional（CV）animal

不携带所规定的人兽共患病病原和动物烈性传染病病原的实验动物。简称普通（基础）动物。

11.2

清洁级动物 clean（CL）animal

除普通级动物应排除的病原外，不携带对动物危害大和对科学研究干扰大的病原的实验动物。简称清洁动物。

11.3

无特定病原体级动物 specific pathogen free（SPF）animal

除清洁动物应排除的病原外，不携带主要潜在感染或条件致病和对科学实验干扰大的病原的实验动物。简称无特定病原体动物或 SPF 动物。

11.4

无菌级动物 germ free（GF）animal

无可检出的一切生命体。简称无菌动物。

11.5

悉生动物 gnotobiotic（GN）animal

也称为已知菌动物。动物体内、体外携带的生物体是已知的动物。通常是在无菌动物体内外植入已知生物体，经检测只携带植入的已知生物体，而不携带任何其他生物体的动物。

12 实验动物营养学术语

12.1

实验动物饲料 laboratory animal feed

能均衡地提供实验动物所需营养素，促进实验动物生长、生产和健康，满足不同实验目的，且在合理使用下安全、有效的可饲物质。

12.2

单一饲料 single feed

以一种动物、植物、微生物和矿物质为来源，经工业化加工或合成（谷物等籽实类可不经加工），但不属于饲料添加剂的饲用物质。

12.3

配合饲料 formula feed

根据饲养动物的营养需要，将多种饲料原料和饲料添加剂按饲料配方经工业化生产的均匀混合物。

12.4

饲料添加剂 feed additive

为满足特殊需要而在饲料加工、制作、使用过程中添加的少量或者微量物质，包括营养性饲料添加剂和非营养性饲料添加剂。

12.5

饲料质量追溯 feed product quality tracing

饲料生产机构对饲料组分（包括添加剂）来源、饲料生产、产品销售等过程建立详细记录，便于随时向前追踪饲料或饲料组分的直接来源、向后依次追踪产品的去向。

12.6

饲料产品召回 feed product recall

饲料生产机构发现其生产的饲料有质量缺陷时，立即停止生产、销售，告知使用者停止使用，主动召回该批次产品的行为。

12.7

营养需要 nutrient requirements

实验动物在最适宜环境条件下，正常、健康生长或达到理想生产状态对各种营养物质种类和数量的最低要求，通常包括维持需要、生长需要、运动需要、妊娠需要和哺乳需要五大类。

12.8

营养成分 nutrient content

实验动物饲料中包含的各种营养物质，包括蛋白质、脂肪、碳水化合物、矿物质、维生素、纤维素和水。

12.9

基础饲料 basic feed

适用于实验动物基本营养需要的饲料。

12.10

维持饲料 maintenance feed

适用于生长、繁殖阶段以外或成年实验动物的饲料。

12.11

生长饲料 growth feed

适用于生长期实验动物的饲料。

12.12

繁殖饲料 reproduction feed

适用于妊娠和哺乳期实验动物的饲料。

12.13

特殊饲料 special formulated diet

根据实验动物和/或动物实验的特殊要求，制定特殊配方，利用特殊工艺制作的饲料。

12.14

水中稳定性 water stability

颗粒或片状配合饲料在水中浸泡 5min 溶失的质量百分数，以“溶失率”表示。

12.15

含粉率 powder percentage of pelleted feed

颗粒或片状配合饲料中所含粉料质量占其总质量的百分比。

12.16

粉化率 percentage of powdered pellets

颗粒或片状饲料在特定条件下产生的粉末重量占其总重量的百分比。

13 实验动物环境生态学术语

13.1

普通环境 conventional environment

符合实验动物居住的基本要求，控制人员和物品、动物出入，不能完全控制传染因子，适用于饲育普通级实验动物。

13.2

屏障环境 barrier environment

符合动物居住的要求，严格控制人员、物品和空气的进出，适用于饲育清洁级和/或无特定病原体（specific pathogen free，SPF）级实验动物。

13.3

隔离环境 isolation environment

采用无菌隔离装置以保持无菌状态或无外源污染物。隔离装置内的空气、饲料、水、垫料和设备应无菌，动物和物料的动态传递须经特殊的传递系统，该系统既能保证与环境的绝对隔离，又能满足转运动物时保持与内环境一致。适用于饲育无特定病原体级、悉生（gnotobiotic）及无菌（germ free）级实验动物。

13.4

实验动物设施 laboratory animal facility

用于实验动物饲养、培育、生产所用的建筑物和设备的总和。

13.5

动物实验室 animal experimental laboratory

具备从事动物实验条件的实验室。

13.6

动物生物安全实验室 animal biosafety level laboratory（ABSL）

具备从事危险生物因子实验条件的动物实验室。

13.7

动物实验设施 animal experiment facility

从事动物实验的建筑物和设备的总和。

13.8

实验动物生产设施 breeding facility for laboratory animal

用于实验动物生产的建筑物和设备的总和。

13.9

动物特殊实验设施 hazard experiment facility for laboratory animal

包括感染动物实验设施（动物生物安全实验室）和应用放射性物质或有害化学物质等进行动物实验的设施。

13.10

饮用水 drinking water

可以不经处理、直接供给实验动物饮用的水，以维持实验动物正常发育、生长、繁殖。

13.11

垫料 bedding materials

为满足实验动物筑巢需求，直接铺垫在实验动物体下的铺垫物。

13.12

消毒灭菌设备 sterilization and disinfection equipment

利用物理、化学等方法杀死或控制病原微生物以防止致病因子传播的设备。

13.13

运输设备 transportation equipment

实验动物在设施内部移动、设施间的转移、国内运输、国际长途运输过程中使用的运输容器或工具。

13.14

饮水设备 watering equipment

对实验动物饮用水微生物、污染物等进行处理，保障实验动物质量控制的系列装置。

13.15

隔离设备 isolated equipment

保持其内环境与外界隔离的实验动物饲育装置，是实现隔离环境的主要设备。

13.16

独立通气笼盒 individually ventilated cages（IVC）

采用微环境隔离和独立换气技术的一种能够移动的微环境净化屏障笼具。

13.17

饲养设备 feeding equipment

可以满足实验动物正常生长发育和自然行为需求，可以有效实行实验动物质量控制的设备。

13.18

隔离器 isolator

由隔离器室、传递系统、操作系统、通风净化系统（送/排风机、中效和高效过滤器、静压箱、密封式风道）和各种控制电器组成的隔离环境动物饲育设备。

13.19

层流柜 laminar flow cabinet

内部气流以水平或垂直流向造就局部高清洁度空气的环境设备，又名层流架。

13.20

洁净度 5 级 cleanliness class 5

空气中大于等于 0.5μm 的尘粒数大于 352pc/m^3 到小于等于 3520pc/m^3，大于等于 1μm 的尘粒数大于 83pc/m^3 到小于等于 832pc/m^3，大于等于 5μm 的尘粒数小于等于 29pc/m^3。

13.21

洁净度 7 级 cleanliness class 7

空气中大于等于 0.5μm 的尘粒数大于 35 200pc/m^3 到小于等于 352 000pc/m^3，大于等于 1μm 的尘粒数大于 8320pc/m^3 到小于等于 83 200pc/m^3，大于等于 5μm 的尘粒数大于

293pc/m³ 到小于等于 2930pc/m³。

13.22

洁净度 8 级 cleanliness class 8

空气中大于等于 0.5μm 的尘粒数大于 352 000pc/m³ 到小于等于 3 520 000pc/m³，大于等于 1μm 的尘粒数大于 83 200pc/m³ 到小于等于 832 000pc/m³，大于等于 5μm 的尘粒数大于 2930pc/m³ 到小于等于 29 300pc/m³。

14 实验动物遗传学术语

14.1

品种 stock/breed

具有一些容易识别和人们所需要的性状，而且可以基本稳定遗传的动物群体。

14.2

品系 strain

实验动物学科中基因高度纯合的动物。狭义的品系指近交系或突变系，广义的品系还包括封闭群和杂交群。

14.3

近交系 inbred strain

经过近亲（全同胞兄妹或亲子）交配，个体基因组中 98.6% 以上的等位位点为纯合，近交系数大于 99% 的动物群体。

14.4

封闭群（远交群）closed colony or outbred stock

以非近亲交配方式进行繁殖生产的一个实验动物种群，在不从外部引入新个体的条件下，至少连续繁殖 4 代以上的群体。封闭群亦称远交群。

14.5

杂交群 hybrids

由两个不同近交系杂交产生的第一代群体。子一代简称 F1。

14.6

突变系 mutation strain

保持有特殊突变基因的品系动物。

14.7

亚系 substrain

已经发现或十分可能存在遗传差异现象的一个近交系内的各个分支动物。

14.8

核转移系 conplastic strain

将某个品系的核基因组移到其他品系细胞质而培育的品系。

14.9

遗传污染 genetic contamination

一个近交系与非本品系动物之间杂交引起遗传改变。

14.10

胚胎移植 embryo implantation

通过人工方法，把雌性动物发育到某一阶段的早期胚胎，移植到另一个同种的生理状态相同的雌性动物输卵管或子宫内的技术。

14.11

胚胎冷冻 embryo cryopreservation

将动物或人类胚胎在超低温条件下长期保存的技术。

14.12

剖腹产术 cesarean section

剖开实验动物的腹壁及子宫，取出动物胎儿的技术。

14.13

显微注射 microinjection

在显微镜下，利用玻璃毛细管拉成的细针，经细胞膜（和核膜）插入活体细胞或囊胚的某一固定位置，并把微量外源物质或细胞注射到其中的操作技术。

14.14

实验动物引种 introduced laboratory animal

从种源单位引进种用实验动物，供本单位生产繁殖使用。

14.15

回交体系 backcross

用携带杂合差异基因的个体反复与近交系回交，第一次杂交的后代为N0代，至N10代及以上用差异基因纯合子或杂合子兄妹交配进行维持的繁育体系，主要用于显性突变、共显性突变、隐性致死性突变和半显性致死性突变。

14.16

杂交 - 互交体系 cross-intercross

用携带纯合差异基因的个体与近交系杂交，然后互交，选择纯合个体与近交系再次杂交，第一次杂交定为M0代，杂交直到M10代及以上，用差异基因纯合子或杂合子兄妹交配进行维持，用于隐性有活力的突变的繁殖体系。

14.17

重组近交系 recombinant inbred strain，RI

由两个近交系杂交后，经连续20代以上兄妹交配育成的近交系。

14.18

重组同类系 recombinant congenic strain，RC

由两个近交系杂交后，子代与两个亲代近交系中的一个近交系进行数次回交（通常回交2次），再经不对特殊基因选择的连续兄妹交配（通常大于14代）而育成的近交系。

14.19

同源突变近交系 coisogenic inbred strain

两个近交系，除了在一个特定位点的等位基因不同外，其他遗传基因全部相同，简称同源突变系。一般由近交系发生基因突变或者人工诱变（如基因剔除）形成。用近交代数表示出现突变的代数，如 F110+F23，是近交系在 110 代出现突变后近交 23 代。

14.20

同源导入近交系（同类近交系）congenic inbred strain

通过回交（backcross）方式形成的一个与原来的近交系只是在一个很小的染色体片段上有所不同的新的近交系，称为同源导入近交系（同类近交系），简称同源导入系（同类系）。要求至少回交 10 个世代，供体品系的基因组占基因组总量在 0.01 以下。

14.21

染色体置换系 consomic strains or chromosome substitution strain

为把某一染色体全部导入到近交系中，反复进行回交而育成的近交系，称为染色体置换系。与同类系相同，将 F1 作为第 1 个世代，要求至少回交 10 个世代。

14.22

混合系 mixed inbred strain

由两个亲本品系（其中一个是重组基因的 ES 细胞株）混合制作的近交系，称为混合系。

14.23

互交系 advanced intercross lines

由两个近交系间繁殖到 F2，采取避免兄妹交配的互交所得到的多个近交系。由于其较高的相近基因位点间的重组率而被应用于突变基因的精细定位分析。

14.24

遗传修饰动物 genetic modified animal

经人工诱发突变或特定类型基因组改造建立的动物。包括转基因动物、基因定位突变动物、诱变动物等。

14.25

转基因动物 transgenic animal

通过转基因技术操作，将一段具有表达活性的基因或 DNA 片段以随机插入的方式导入到动物的基因组中，形成稳定遗传的动物品系，是引入或整合新基因的变异物种。

14.26

基因敲除动物 gene knockout animal

通过基因工程技术，将动物基因组中的特定基因片段替换或插入灭活，造成该基因表达的缺失或关闭，形成稳定遗传和特定基因失去功能的变异物种。

14.27

克隆动物 cloned animal

发育早期的动物胚胎细胞，或成年动物的体细胞，经显微手术移植到去掉细胞核的卵母细胞中之后，在适当的条件下，可以重新发育成正常胚胎。

15 实验动物行为学术语

15.1

节律行为 rhythmic behavior

动物的活动或生理机能随自然节律的变化，周期性地重复发生的现象。

15.2

探索行为 exploratory behavior

动物天生所具有的对未知或未体验的环境或物体产生的一种自发性的探知行为。

15.3

攻击行为 aggressive behavior

同种动物个体之间为争夺食物、配偶、社会地位、巢区或领域等发生的相互攻击，属于种内斗争，动物在攻击行为中一般很少受到伤害。

15.4

防御行为 defensive behavior

任何一种能减少来自其他动物伤害的行为。

15.5

繁殖行为 animal reproductive behavior

动物为延续种群所进行的繁殖后代的行为，包括雌雄两性动物的识别、占有繁殖空间、求偶、交配、孵卵以及对子代的哺育等一系列的复杂行为。

15.6

自发活动行为 animal spontaneous locomotion

动物在正常清醒状态下的自主活动行为，包括走动、跑动、理毛、嗅探、站立、跳跃等。

15.7

沟通行为 communication behavior

动物个体之间的传递信息，交流感情和相互影响的行为。

15.8

利他行为 altrustic behavior

动物个体不计较外部利益得失而自愿帮助其他个体的行为。

15.9

等级行为 rating behavior

形成在形态和行为上专门适应于完成某一特定工作的个体群、并且具有一定时间和空间排列顺序特征的行为。

15.10

学习记忆行为 learning and memory behavior

动物和人类生存与进化中的一种高级神经活动行为。

15.11

焦虑行为 anxiety behavior

动物面临不可避免或即将发生的厌恶性刺激时做出的情绪适应性反应所表现出来的特定行为。

15.12

恐惧行为 fearful behavior

动物面临急性、严重生存威胁时做出的情绪适应性反应所表现出来的特定行为。

15.13

抑郁行为 animal depression behavior

动物出现的多种精神和躯体症状的情感性精神障碍行为，主要表现为兴趣丧失、情绪低落、易绝望、死亡意念，甚至自杀等。

16 实验动物福利术语

16.1

善待实验动物 humane treatment to laboratory animals

人类采取有效的关爱措施，保障实验动物的福利权益，避免不必要的伤害。

16.2

实验动物伦理 laboratory animal ethics

人类对待实验动物和开展动物实验所应遵循的社会道德标准和原则理念。

16.3

替代 replacement

使用低等级动物代替高等级动物，或不使用活着的脊椎动物进行实验，而采用其他方法达到与动物实验相同的目的。

16.4

减少 reduction

如果某一研究方案中必须使用实验动物，同时又没有可行的替代方法，则应把使用动物的数量降低到实现科研目的所需的最小量。

16.5

优化 refinement

通过改善动物设施、饲养管理和实验条件，精选实验动物、技术路线和实验手段，优化实验操作技术，尽量减少实验过程对动物机体的损伤，减轻动物遭受的痛苦和应激反应，使动物实验得出科学的结果。

16.6

仁慈终点 human endpoint

动物实验过程中，在可获得实验结果的前提下，选择动物表现疼痛和压抑的较早阶段为实验的终点。

16.7

伦理审查 ethical review

按照实验动物福利伦理的原则和标准，对使用实验动物的必要性、合理性和规范性进行的专门检查和审定。

16.8

五项自由 the five freedoms

通过提倡动物福利，保障动物处于舒适、健康、快乐等自然生活状态的五项自由或五项权利，包括：

（1）免于饥渴的自由——保障有新鲜的饮水和食物，以维持健康和活力。
（2）免于不适的自由——提供舒适的栖息环境。
（3）免于痛苦、伤害和疾病的自由——享有预防和快速的诊治。
（4）表达主要天性的自由——提供足够的空间、适当的设施和同类的社交伙伴。
（5）免于恐惧和焦虑的自由——保障良好的条件和处置，不造成动物的精神痛苦。

索　　引

第二篇

实验动物管理系列标准

ICS 65.020.30
B 44

中国实验动物学会团体标准

T/CALAS 3—2017

实验动物　健康监测总则

Laboratory animal - General guidelines for health monitoring

2017-05-18　发布　　2017-05-18　实施

中国实验动物学会　发布

前　言

本标准按照 GT/T1.1—2009 给出的规则编写。

本标准由中国实验动物学会归口。

本标准由全国实验动物标准化技术委员会（SAC/TC281）技术审查。

本标准由中国实验动物学会实验动物标准化专业委员会提出并组织起草。

本标准起草单位：中国医学科学院医学实验动物研究所。

本标准主要起草人：秦川、孔琪、魏强。

引　言

实验动物健康监测是保障实验动物质量的一个重要措施。中国建立了实验动物质量保障体系，包括许可证制度、质量检测机构和质量检测标准等。美国、欧盟、日本、中国台湾地区等都已经建立了实验动物健康监测体系。尤其是欧盟实验动物学会联盟（FELASA）颁布了系列实验动物健康监测指南，包括 *Guidelines for Health Monitoring of Rodents and Rabbits*（2014）、*Recommendations for Health Monitoring of Cats*，*Dogs and Pigs*（1998）、*Recommendations for Health Monitoring of Non-human Primate Colonies*（1999）、*Recommendations for Health Monitoring of Experimental Units of Calves*，*Sheep and Goats*（2000）。本标准主要参考这些资料，结合我国国情制定。

实验动物　健康监测总则

1　范围

本标准规定了实验动物健康监测要求，包括方案审查、健康监测系统、哨兵动物管理、健康监测方式、环境监测、饮用水、饲料和垫料、废弃物处理、实验记录与档案管理。

本标准适用于从事实验动物生产、使用的各类机构。

2　规范性引用文件

下列文件对于本文件的应用是必不可少的。凡是注日期的引用文件，仅注日期的版本适用于本文件。凡是不注日期的引用文件，其最新版本（包括所有的修改单）适用于本文件。

GB 14922.1 《实验动物　寄生虫学等级及监测》

GB 14922.2 《实验动物　微生物学等级及监测》

GB 14924.2 《实验动物　配合饲料卫生标准》

GB 14925 《实验动物　环境及设施》

GB/T 14924.9 《实验动物　配合饲料　常规营养成分检测》

GB/T 14924.10 《实验动物　配合饲料　氨基酸的测定》

GB/T 14924.11 《实验动物　配合饲料　维生素的测定》

GB/T 14924.12 《实验动物　配合饲料　矿物质和微量元素的测定》

3　术语和定义

下列术语和定义适用于本文件。

3.1

实验动物室 laboratory animal house

具备从事实验动物条件的实验室。

3.2

动物生物安全实验室 animal biosafety level laboratory（ABSL）

具备从事危险生物因子实验条件的实验动物室。

3.3

动物实验设施 animal experiment facility

从事动物实验的建筑物和设备的总和。

3.4

实验动物福利与使用管理委员会（简称管委会）Institutional Animal Care and Use Committee（IACUC）

审查和监管实验动物的使用及福利伦理工作的组织。

3.5

实验动物健康监测 laboratory animal health monitoring

对实验动物健康可能造成影响的微生物、寄生虫等感染性病原以及环境、营养等因素进行有效监测。

4 监测方案审查

4.1 职责：开展实验动物工作的机构应成立“管委会”，负责审查实验动物健康监测方案及实施情况等。

4.2 原则：审查应坚持和遵守合法性、必要性、科学性、动物福利、伦理、公正性、利益平衡等原则。

4.3 审查：各类实验动物饲育的负责人应定期向“管委会”提交实验动物健康监测方案及实施情况报告，“管委会”做出审查意见。

5 健康监测系统

5.1 实验动物机构均应设立实验动物健康监测系统，作为实验动物健康监控的主要方法和重要措施。

5.2 实验动物健康监测的时间点主要有：动物引入设施前的检测、设施内动物群体的定期抽检、疑似异常实验动物及时送检等。

6. 哨兵动物管理

6.1 应在每个饲养单元，放置一定比例的同种实验动物作为哨兵动物。

6.2 应对哨兵动物健康状况定期检测，监测周期一般为三个月。

6.3 应把哨兵动物的定期检测作为实验动物日常健康监测的常规方法。

7. 病原选择

每一种实验动物都有易感或易携带病原，在监测时应明确需要监测的病原体。

8. 风险因素控制

8.1 发生病原感染的高风险因素包括以下内容：

a）频繁引入动物（如：＞1x 每月）；

b）不同微生物状态的单位彼此接近；

c）从不同育种场所引入动物（一个或多个）；

d）将动物转移出单位进行操作，随后返回；

e）昆虫、野生的啮齿类动物进入动物室或饲料、垫料仓库；

f）来源于单位内同一动物物种的生物材料的频繁引入；

g）各种试验用多功能设施；

h）研究人员频繁进入单位（除动物饲养人员外）；

i）单位内工作的动物饲养人员频繁变更；

j）不容易消毒的共享设备（例如，影像、行为）。

8.2 发生病原感染的低风险因素包括以下内容：

a）封闭繁殖群；

b）“全进 - 全出”系统；

c）极少进入动物；

d）一种或少数几种实验。

9. 健康监测方法

9.1 应把引进实验动物的实时监测作为设施内动物健康监测的重要环节。所有引进实验动物皆需健康监测，并在实验动物医师授权后方能进入饲养设施。

9.2 动物健康检测方法包括血清学、PCR、显微镜（大体）检查、病理学等（表 1）。常规检测项目为国家标准 GB 14922.1、GB 14922.2 规定 SPF 级实验动物需排除的病原体，同时可增加使用者需要检测的病原、机构所在地易感病原或国外先进标准中的病原指标。

9.3 应对饲料中的营养成分检测，监测方法应符合 GB/T 14924.9、GB/T 14924.10、GB/T 14924.11、GB/T 14924.12 有关要求。

表 1 实验动物健康监测方法

检测类别	检测内容	检测方法
血清学检测	病毒、细菌	酶联免疫吸附试验（ELISA）和间接免疫荧光试验（IFA）
PCR 检测	小鼠 PRIA（鼠类传染性病原体）	PCR 检测
	大鼠 PRIA（鼠类传染性病原体）	PCR 检测
	鼠类传染性病原体	细胞系 / 微生物 PCR 检测
	人类传染性病原体	细胞系 / 微生物 PCR 检测
寄生虫检测	皮肤寄生虫	大体检查、显微镜检查
环境监测	水质、饲料和垫料、台面检测	微生物、PCR 检测
病理学检测	诊断病理、组织病理、寄生虫、临床病理、病理学研究	解剖、显微镜
营养成分检测	配合饲料中的营养成分	GB/T 14924.9 常规营养成分检测

ELISA：酶联免疫吸附试验（Enzyme-linked immunosorbent assay）；

IFA：间接免疫荧光试验（Indirect immunofluorescence assay）；

HAI：红细胞凝集抑制试验（Hemagglutin Ationinhibition test）；

LDH：乳酸脱氢酶血清生物化学试验（Enzyme Serum chemical analysis of lactate dehydrogenase）；

PCR：聚合酶链反应（Polymerase chain reaction）。

10 环境监测

10.1 环境监测应符合 GB 14925 有关要求。

10.2 应按规定实施动物种群的饲养密度、配种繁殖和实验频率、屏障系统物料的进出方式等可能导致病原菌的感染和扩散的危险因素。

10.3 应采取措施防止病原菌可通过各种途径进入屏障系统内，包括：饲料、垫料和实验动物饮用水的供应，仪器设备和资料数据的传入以及人员的进入等。

10.4 应加强有效的环境监测，以最大程度降低传染性病原菌的进入，尽早监测出可能存在的感染源，降低传播风险。

11 饮用水监测

11.1 饮用水是实验动物潜在传染源的重要来源，应采取监测措施，定期监测动物饮用水及管道。饮用水监测应符合 GB 14925 有关要求。

11.2 动物饮用水管道应定期清理，以免细菌在极低营养状态下长期生存，并可形成难以清理的生物膜，黏附在管道内，污染饮用水。

11.3 饮用水水质监测中，细菌最难控，尤其要监测对大多数免疫缺陷实验动物健康影响大的部分细菌如铜绿假单胞菌等。

12 饲料、垫料和高压灭菌锅监测

12.1 应对饲料和垫料定期开展无菌检测，监测方法应符合 GB 14924.2 和 GB 14925 有关要求。

12.2 饲料、垫料等物料进入屏障系统前应完全高压灭菌。

12.3 应定期监测高压灭菌锅内的病原体。可采用商用生物指示剂对高压灭菌锅的灭菌过程和效果进行监测。灭活芽孢可作为高压灭菌锅功能监测的有效方法。

13 废弃物监测

应对实验废弃物开展监测，监测方法按 GB 14925 的要求执行。

14 监测报告与档案管理

14.1 监测报告

14.1.1 实验动物设施内应制定实验动物报告规范，尽量采用统一格式，并按要求做好实验动物健康监测纪录。

14.1.2 实验动物健康监测报告必须及时、准确、完整、清晰。

14.1.3 实验动物健康监测报告不得随意修改，如必须修改，须由修改人签字，并注明修改时间和原因。

14.1.4 计算机、自动记录仪器等打印的图表和数据资料等，应妥善保存其拷贝或复印件。

14.1.5 实验动物健康监测报告应包括以下内容：

a）设施名称与饲养条件（非屏障、屏障、IVC、隔离器）。

b）设施内的所有品种和品系 / 库存的鉴定。若多个物种饲养在相同的屏障设施中，应提供每个物种的健康监测报告。

c）最近的调查日期，以及报告的发行日期。

d）每种病原的检测频率。

e）监测病原的名称，微生物分类，可具体到种。

f）每种病原的检测方法，以及检测实验室的名称。

g）最近的以及可能追溯到最远的调查结果，不能短于 18 个月（表达形式：阳性动物

数量 / 检测动物数量）。可把检测结果作为补充信息（如：疾病诊断）。

h）病理检测结果应记录为：检测动物中发现 / 未发现到病变。每种和每个品系 / 种动物的病理变化应单独列出。

i）评论。如果对动物群进行病原的针对性治疗，应当注明。应注明首次和最新发现病原日期。

j）健康监测方案实施负责人的名字和联系方式。

k）整体健康监测方案的描述，可附函。

14.2 档案管理

14.2.1 实验动物设施内应按照国家相关规定，制定相应的实验动物健康监测档案管理制度。

14.2.2 每年度健康监测结束后，原始记录的各种资料应整理归档。

14.2.3 档案资料保存期限为三年。

参考文献

Rehbinder C，Alenius S，Bures J，et al. 2000. FELASA recommendations for the health monitoring of experimental units of calves，sheep and goats Report of the federation of European Laboratory Animal Science Associations（FELASA）Working Group on Animal Health Lab Anim，34（4）：329-350.

Nicklas W，Deeny A，Dierckx P，et al.2010. FELASA guidelines for the accreditation of health monitoring programs and testing laboratories involved in health monitoring. Lab Anim（NY），39：43-48.

Rehbinder C，Baneux P，Forbes D，et al. 1998.FELASA recommendations for the health monitoring of breeding colonies and experimental units of cats，dogs and pigs. Report of the Federation of European Laboratory Animal Science Associations（FELASA）Working Group on Animal Health Lab Anim，32（1）：1-17.

Mähler Convenor M，Berard M，Feinstein R，et al. 2014.FELASA recommendations for the health monitoring of mouse，rat，hamster，guinea pig and rabbit colonies in breeding and experimental units. Laboratory Animals，48（3）：178-192.

Weber H，Berge E，Finch J，et al.1997.Sanitary aspects of handling non-human primates during transport. Report of the Federation of European Laboratory Animal Science Associations（FELASA）Working Group on Non-human Primate Health. Laboratory Animals，31：298-302.

A Harmonized Health Reporting Format for International Transfer of Rodents [EB/OL]. https：//www.aalas.org/about-aalas/position-papers/health-reporting-for-international-transfer-of-rodents.

ANIMAL HEALTH PROGRAM [EB/OL]. https：//www.jax.org/jax-mice-and-services/customer-support/customer-service/animal-health/animal-health-program

Animal Health Monitoring and Surveillance [EB/OL].https：//www.aphis.usda.gov/aphis/ourfocus/animalhealth/monitoring-and-surveillance.

Animal Health Surveillance[EB/OL].https：//www.criver.com/products-services/research-models-services/animal-health-surveillance?region=3601.

ICS 65.020.30
B 44

中国实验动物学会团体标准

T/CALAS 4—2017

实验动物 小鼠、大鼠品系命名规范

Laboratory animal - Rules for nomenclature of mouse and rat strains

2017-05-18 发布　　2017-05-18 实施

中国实验动物学会 发布

前　　言

本标准按照 GB/T 1.1—2009 给出的规则编制。

本标准如果存在与 GB 14923 规定不同内容，以 GB 14923 规定为准。

本标准由中国实验动物学会归口。

本标准由全国实验动物标准化技术委员会（SAC/TC281）技术审查。

本标准由中国实验动物学会实验动物标准化专业委员会提出并组织起草。

本标准起草单位：中国医学科学院医学实验动物研究所、中国食品药品检定研究院。

本标准主要起草人：秦川、孔琪、岳秉飞、魏强。

引　言

实验动物小鼠、大鼠品系繁多，来源于世界各地不同的实验室，遗传背景差异较大。各种小鼠、大鼠品系的规范化命名，对于在世界范围内，培育和使用这些小鼠、大鼠非常重要。尤其是同种品系个体之间也存在遗传漂变的可能性，不同实验室培育的同种品系也应加以区别。

本标准修改采用国际小鼠标准化遗传命名委员会（International Committee on Standardized Genetic Nomenclature for Mice）制定的《小鼠、大鼠品系命名指南》（2016年1月修订版，*Guidelines for Nomenclature of Mouse and Rat Strains*，Revised：January 2016）。

《小鼠、大鼠品系命名指南》由《小鼠品系命名指南》和《大鼠品系命名指南》合并而成。《小鼠品系命名指南》早期版本包括：Snell（1941），小鼠标准化遗传命名委员会（Committee for Standardized Genetic Nomenclature in Mice，1952，1960，1976，1981，1989，1996），Festing（1979，1993），Staats（1986），Maltais 等（1997），2006（Eppig，2006）。《大鼠品系命名指南》早期版本为1992年版，由大鼠标准化遗传命名委员会制定（Committee on Rat Nomenclature，1992）。

实验动物　小鼠、大鼠品系命名规范

1　范围

本标准规定了实验动物小鼠、大鼠品系的命名规范。

本标准适用于实验动物小鼠、大鼠品系命名。

2　规范性引用文件

下列文件对于本标准的应用是必不可少的。凡是注明日期的引用文件，仅注日期的版本适用于本标准。凡是不注日期的引用文件，其最新版本（包括所有的修改单）适用于本文件。

GB 14922.2 《实验动物　微生物等级及监测》

GB 14923 《实验动物　哺乳类实验动物遗传质量控制》

3　术语和定义

GB 14923 中及以下术语和定义适用于本标准。

3.1

分离近交系 segregating inbred strains

某一特定等位基因或突变保持着杂合状态的近交系。分离近交系通过近交培育（通常是兄妹交配），但每代都进行杂合性筛选。

3.2

协同杂交系 collaborative cross strains，CC

多亲代重组近交系。每一个品系都含有来自 8 个祖系（A/J、C57BL/6J、129S1/SvImJ、NOD/ShiLtJ、NZ/HILtJ、CAST/EiJ、PWK/PhJ 和 WSB/EiJ）的遗传基因。采用漏斗育种策略，将所有 8 个祖系纳入到 3 个封闭群中，连续数代兄妹交配而得。

4　实验动物遗传学分类

按实验动物培育方式和遗传特点的不同，分类如下：

（1）近交系　inbred strains

a）重组近交系　recombinant inbred strain，RI

b）重组同类系　recombinant congenic strain，RC

c）协同杂交系　collaborative cross strains，CC

d）混合系　mixed inbred strains

e）互交系　advanced intercross lines，AIL

f）同源突变近交系　coisogenic inbred strain

g）同源导入近交系（同类近交系） congenic inbred strain
h）染色体置换系 consomic strains or chromosome substitution strains
i）分离近交系 segregating inbred strains
j）核转移系 conplastic strains
k）遗传修饰动物 genetic modified animals
（2）封闭群（远交群） closed colony（outbred stock）
（3）杂交群 hybrids

5 实验室代码

5.1 实验室代码是实验小鼠、大鼠品系命名的一个关键要素，以区别不同实验室拥有的小鼠、大鼠品系，尤其是亚系。
5.2 实验室代码由 1~4 个字母（首字母大写，其余均小写）组成，用于标识培育和拥有某个小鼠或大鼠品系的特定研究机构、实验室或研究人员。
5.3 存在不同形式的同源导入近交系和其他品系也可采用实验室代码表示。
5.4 国际实验室代码采用美国实验动物资源研究所（ILAR）分配的代码。

示例 1 国际实验室代码

实验室代码	英文名称	中文名称
J	The Jackson Laboratory	美国杰克逊研究所
Rl	W.L. and L.B. Russell	罗素
Jr	John Rapp	约翰拉普
Mcw	Medical College of Wisconsin	美国威斯康星医学院
Kyo	Kyoto University	日本京都大学

5.5 中国实验室代码由中国实验动物学会（CALAS）分配。

示例 2 中国实验室代码

实验室代码	英文名称	中文名称
Ilas	Institute of Laboratory Animal Science, Chinese Academy of Medical Sciences（CAMS）	中国医学科学院医学实验动物研究所
Zcas	Institute of Zoology, Chinese Academy of Sciences	中国科学院动物研究所
Nfdc	National Institute for Food and Drug Control	中国食品药品检定研究院

6 近交系的命名

6.1 基本原则

6.1.1 近交系命名应采用一个独特简短符号来命名，由大写字母或数字或大写字母与数字组合（宜以大写字母开头）组成。

示例 3 近交系的命名

命名方式	中文名称	英文名称	品系举例
大写字母	小鼠品系	Mouse strains	AKR，NZB，NZC，NZO
	大鼠品系	Rat strains	SR，SS
单独数字	小鼠品系	Mouse strains	129，615
	大鼠品系	Rat strains	-
大写字母与数字组合	小鼠品系	Mouse strains	C3H，C57BL
	大鼠品系	Rat strains	F344

6.1.2 小鼠、大鼠品系命名应避免重复，如有命名相似的品系应加以区别。

6.1.3 国际上已公认的品系名称，可不符合 6.1 和 6.2 的规定，如小鼠品系 “129P1/J”。

6.1.4 于 20 代前分支出去，亲缘关系密切者可相近命名，如小鼠品系 NEB、NEC、NZO。

6.1.5 近交代数用“F”和代数表示，可加括号置于品系名称后面。如小鼠品系 A/J（F150）、DBA/1（F？+90），大鼠品系 ACI/N（F159）。

6.1.6 总近交代数信息缺失时，若已知最新近交代数最小值，也可通过先后写上问号和已知后续近交代数来标示，如小鼠品系 C3H/HeJ-ruf（F？+25）。

6.1.7 微生物等级可加于品系名称后面，并以方括号表示，如 C57BL/10J[SPF]。微生物等级缩写参考 GB 14922.2。

6.2 亚系的命名

6.2.1 在原亲代品系符号后面加一条斜线，后面是亚系名称。

6.2.2 亚系命名可用：①数字，如小鼠品系 FL/1Re，FL/2Re；②实验室代码，通常第一字为大写，其余小写如 A/He，表示小鼠品系 A 的 Heston 亚系；CBA/J，表示小鼠品系 CBA 的 Jackson 实验室亚系；③数字及实验室代码混合：当实验人员或实验室发展出一种以上的亚株时，可加数字以示区别，如小鼠品系 Fl/1Re FL/4Re。

6.2.3 亚系名称通常是最初培育该品系的人员或实验室代码。在某实验室培育多个亚系时，应在实验室代码后加序列号以示区别。

6.2.4 在亚系基础上再形成分支时，可在亚系名称后面加新亚系名称，但不加斜线。

6.2.5 出版物中首次提及品系名称时应使用全称，之后可使用缩写。

6.2.6 在销售或转让时，生产（保种）机构应提供该品系与亲代品系遗传背景资料。

7. 多种来源近交系的命名

7.1 重组近交系

7.1.1 两个原始（亲代）近交系的一个或两个大写字母缩写，中间加上大写 “X”，字母与 X 之间无空格。雌（母）系在前，雄（父）系在后。

示例 4 重组近交系的命名（1）- 常规命名

名称	英文释义	中文释义
CXB	Recombinant inbred mouse strain derived from a cross of BALB/c x C57BL/6J.	由 BALB/c（雌）及 C57BL/6J（雄）杂交而得的小鼠重组近交系。

7.1.2 涉及两个相同品系的重组近交系，所有成员应连续编号。顺序号可从小鼠基因组数据库（MGD）获取。来源于相同祖先的多种重组近交系也应赋予顺序号。

示例 5 重组近交系的命名（2）- 相同品系来源

名称	英文释义	中文释义
BXD1，BXD2，BXD3	Members of the BXD set of mouse RI strains derived from a cross of C57BL/6 x DBA/2.	来源于 C57BL/6 x DBA/2 杂交形成的小鼠重组近交系，属于 BXD 系列。
HXB1，HXB2，HXB3	Members of the HXB set of rat RI strains derived from a cross of SHR/OlaIpcv x BN-*Lx*/Cub.	来源于 SHR/OlaIpcv x BN-*Lx*/Cub 杂交形成的大鼠重组近交系，属于 HXB 系列。

7.1.3 如第二个品系的缩写以数字结尾（如 CX8），应可用连字号 " — " 将其与序列号隔开（如 CX8-1），以免混淆。

示例 6 重组近交系的命名（3）- 数字结尾

名称	英文释义	中文释义
（BXD1/Ty X AXB19/Pgn）F1	An F1 between a female BXD1/Ty and a male AXB19/Pgn.	BXD1/Ty 雌性鼠和 AXB19/Pgn 雄性鼠杂交一代。

7.1.4 与某一亲代品系回交培育出的重组同类系，应相应命名。
7.1.5 为了阐明复杂性状，可对重组近交系进行互交。这些 F1 代可称作重组近交互交系（RIX），应采用与其他近交品系间 F1 相同的命名方法。

7.2 协同杂交系

7.2.1 协同杂交系的命名以“CC”开头，接着是一个 4 位数，一条斜线，最后是培育该品系的实验室代码。对于其他近交系，建立亚系时应附上额外的实验室代码。

示例 7

名称	英文释义	中文释义
CC0058/Unc	Collaborative Cross strain 0058, developed at University of North Carolina.	0058 号协同杂交小鼠，由北卡罗莱纳大学培育而成。

7.2.2 为阐明复杂性状，可对协同杂交（CC）系进行互交。这些 F1 代被称作重组近交互交系（RIX），可采用与其他近交品系间 F1 代相同方法的命名。

示例 8

名称	英文释义	中文释义
（CC0012/Unc X CC2134/Geni）F1	F1 between a female CC0012/Unc mouse and a male CC2134/Geni mouse.	CC0012/Unc 雌性小鼠和 CC2134/Geni 雄性小鼠杂交一代。

7.3 混合系

7.3.1 来源于最多 3 个亲代品系的初始群或近交系，可用这 3 个品系的大小字母缩写命名，并用分号隔开。

7.3.2 如相关品系存在供体 / 宿主关系，第一个分号前的品系名称应当是宿主，分号后的品系名称是供体，特别是对于供体是 ES 细胞系的目标突变尤为如此。

示例 9 混合系的命名（1）- 常规命名

名称	英文释义	中文释义
B6；129-*Acvr2tm1Zuk*	A mixed strain derived from C57BL/6J and a 129 ES cell line carrying a targeted knockout of the *Acvr2* gene.	一个来自 C57BL/6J 和 129 ES 细胞系携带定向靶基因敲除 *Acvr2* 基因的混合系。
B6Brd; B6Dnk; B6N-*Tyrc-BrdJph3tm1a*（*KOMP*）*Wtsi*/Mbp	A mixed strain carrying a targeted mutation of the *Jph3* gene. The mixed strain was derived from: C57BL/6Brd-*Tyrc-Brd*, C57BL/6Dnk, and C57BL/6N and is maintained by the Mouse Biology Program UCD（Mbp）.	一个携带有靶突变 jph3 基因的混合系。该混合系来自：C57BL/6Brd-*Tyrc-Brd*, C57BL/6Dnk 和 C57BL/6N 小鼠。由小鼠生物项目 UCD（Mbp）保持。

7.3.3 缩写顺序可依据主要贡献品系或字母、数字顺序。

7.3.4 应使用实验室代码和序列号来区分不同实验室培育的品系，或者同一实验室培育的多种品系。

7.3.5 在未完全近交前，由于这些命名可能会被用于混合系，除非写有近交代数（如>F20），否则这些群不能被认为是近交系。

7.3.6 来源于 3 个以上祖系的或拥有未知来源遗传贡献的突变系，无论是原品系还是近交系，可被认为是一种“混合”近交系，可命名成 STOCK，空一格（无连接符）加上其所携带的突变或染色体异常。

示例 10 混合系的命名（2）- 未知来源

名称	英文释义	中文释义
STOCK Rb（16.17）5Bnr	An inbred strain of unknown or complex background carrying the Robertsonian translocation Rb（16.17）5Bnr.	一个近交系，来自未知或复杂的遗传背景，携带罗伯逊易位的 Rb（16.17）5Bnr 基因。

7.3.7 混合系达到近交状态时，应给予恰当的命名。

7.3.8 如符号短，可用其所携带的基因突变的符号进行命名，所有字母大写。

示例 11 混合系的命名（3）- 基因突变

名称	英文释义	中文释义
JIGR/Dn	An inbred strain developed from a mixed background stock carrying the mutation *gr*（grizzled）and the *ji*（jittery）allele of *Atcay*.	一个近交系，来自携带突变 *gr*（灰色）和 *ji*（jittery）等位基因的混合系。

7.3.9 如通过将携带突变的动物与每一代或隔代 F1 杂交群杂交来维持突变等位基因或者染色体异常，则用该 F1 所用符号对该种群进行命名，但不需要“F1”后缀，之后是恰当的等位基因或染色体异常符号。

示例 12 混合系的命名（4）- 杂交群

名称	英文释义	中文释义
B6C3Fe *a/a-Dh*	The *Dh* (dominant hemimelia) mutation is maintained by crossing to a (B6C3Fe *a/a*) F1 at each generation, but the stock itself is not an F1.	DH（显性半肢畸形）突变小鼠品系，通过每代跟（B6C3Fe *a/a*）F1 代杂交而得，但该品系本身不是 F1 代。

7.4 重组同类系

7.4.1 该近交系含分散供体纯合子片段和受体基因组（供体基因组的数量取决于原始回交的次数，F2 代回交一般为 12.5%）。

7.4.2 当理论近交系数接近于标准近交系的数值时，RC 品系应当被视作完全近交系。

7.4.3 回交 F1 代应被视作等价于兄妹交配的 F2 代。

7.4.4 通过两次回交（N3，等价于 F6）接 14 代兄妹交配（F14）培育的品系可视为完全近交系。

示例 13 重组同类系的命名

名称	英文释义	中文释义
CcS	Recombinant congenic strain between BALB/c recipient and STS donor.	一个来自 BALB/c 受体和 STS 供体的小鼠重组近交系。

7.4.5 RC 品系应采用两个近交系的大写字母缩写来命名，受体在前，并用小写字母“c”隔开。来源于相同祖系的多 RC 品系被赋予序列号，例如，CcS1、CcS2、CcS3…

7.4.6 如第二个品系的缩写以数字结尾（如 129P2），应使用连接符来将其与序列号隔开。

7.5 互交系

7.5.1 互交系（AIL）通过先建立 2 个近交系的 F2 代，然后与各自的后代互交来培育获得，但要避免同胞交配。这样做的目的是提高紧密连锁基因重组的概率。

7.5.2 命名中应包括培育该品系的实验室代码、冒号，以及分号隔开的两个近交系缩写，代数写在连接符后面。代数可表示为 G3、G4 等，以 F2 代后的首次非同胞杂交开头。

示例 14 互交系的命名

名称	英文释义	中文释义
Pri：B6，D2-G#	This is an AIL stock created at Princeton from the inbred strains C57BL/6 x DBA/2. The G number will increase with each generation.	这是一个普林斯顿大学制作的 AIL 品系，由 C57BL/6 x DBA/2 交配而得。G 数将随着每一代的增加。

8 同源突变近交系、同源导入近交系和分离近交系的命名

8.1 同源突变近交系

8.1.1 同源突变近交系可用品系符号（适当时，以及亚系符号）接一个连接符以及斜体的差异等位基因符号来表示。

示例 15 同源突变近交系的命名（1）- 常规命名

名称	英文释义	中文释义
129S7/SvEvBrd-*Fyn*^{tm1Sor}	A targeted mutation of the *Fyn* gene was produced using the AB1 ES cell line derived from 129S7/SvEvBrd. Chimeric animals were mated to 129S7/SvEvBrd and the allele subsequently maintained on this coisogenic strain.	有 Fyn 靶基因突变的小鼠品系，使用来自 129s7 / SvEvBrd 小鼠的 AB1 ES 细胞系。嵌合体动物和 129s7 / SvEvBrd 小鼠交配，随后保持该同源突变品系。

8.1.2 在某些情况下，这些突变将会维持在杂合状态。这意味着该品系的命名不能反映育种体系，也不表明某一小鼠或大鼠的特定基因型。

示例 16 同源突变近交系的命名（2）- 杂合状态

名称	英文释义	中文释义
C57BL/6J-*Aqp2*^{cph}	The congenital progressive hydronephrosis mutation in the aquaporin 2 gene arose on the C57BL/6J strain. It is a coisogenic strain，but because homozygotes are generally juvenile lethal，the strain is maintained by breeding heterozygotes *Aqp2cph*/+ x *Aqp2cph*/+.	先天性肾积水基因突变小鼠品系，C57BL/6J 小鼠的水通道蛋白 2 基因突变。这是一个同源突变品系，以 *Aqp2cph*/+ x *Aqp2cph*/+ 杂合子状态保存。

8.1.3 如知道同源突变系发生突变之后的近交代数，则在突变的代数后以加号 "+" 连接突变后的繁殖代数，如 F110+F23：表示于 110 代发生突变后，以兄姊交配至 23 代。

8.2 同源导入近交系

8.2.1 在最先的出版物中描述快速同源导入系时，应包含代数，以及用于确定品系同类性的标记的基因组间距。由于快速同源导入法完全取决于标记分析，会因具体实验方案的不同而不同，因此应谨慎判断快速同源导入系的近交状态。

8.2.2 同源导入近交系采用含三部分内容的符号命名。在背景品系（background strain）名称的后加上提供品系（donor strain）名称，二者间以“·”点区隔，于提供品系名称的后为加上其所提供的基因符号，其间以连字号“—”加以分隔。例如，B10.129-H12b ⟶ C57BL/10 的小鼠上接有一段由 129/J 来的基因 *H12b*。大鼠同源导入近交系的命名与同源突变近交系相似，如 LEW/N-rnu；如为异质体状态存在则需加上一斜线及“+”号，如 LEW/N-rnu/+。

8.2.3 对于发生了突变的染色体未知的情况，例如，供体未近交，或复杂的，或是一个 F1 杂种，应当使用 Cg 符号来表示这种复杂的遗传起源。供体符号或 Cg 的使用对于区分同源导入系和同源突变系非常重要。Cg 也可用于表示通过共同杂交两个同源导入系而培育的品系，这两个同源导入系已经分别与同一宿主背景回交，但它们的各自供体存在差异。Cg 还可用于来源于单个供体的等位基因的情况，但同源导入系也携带其他同源突变等位基因。在句点后 Cg 作为供体使用，表明品系名字中的多个等位基因有多个来源，或者表明品系名字中至少有一个等位基因的遗传起源未知。

示例 17　同源导入近交系的命名（1）- 常规命名

名称	英文释义	中文释义
B6.AKR-*H2*^{k}	A mouse strain with the genetic background of C57BL/6 but which differs from that strain by the introduction of a differential allele（*H2*^{k}）derived from strain AKR/J.	一个带有 C57BL/6 遗传背景的小鼠品系，从 AKR/J 小鼠品系中引入了 *H2*^{k} 等位基因。
SHR.BN-*RT1*^{n}	A rat strain with the genetic background of SHR but which differs from that strain by the introduction of a differential segment（*RT1*^{n}）derived from strain BN.	一个带有 SHR 遗传背景的大鼠品系，从 BN 大鼠品系中引入了 *RT1*^{n} 基因片段。
ACI.BUF-*Pur1*/Mna	A rat strain with the genetic background of ACI onto which a segment from the BUF strain containing the *Pur1* QTL has been transferred.	一个带有 ACI 遗传背景的大鼠品系，从 BUF 大鼠品系中引入了 *Pur1* 数量性状基因座基因片段。
B6.Cg-*Kit*$^{W-44J}$ Gpi1^a	A mouse strain with the genetic background of C57BL/6, but where the donor strain is mixed, the *Kit* allele originating from C3H/HeJ and the *Gpi1* allele originating from CAST/Ei.	一个带有 C57BL/6 遗传背景的小鼠品系，供体品系是混交系，带有 C3H/HeJ 小鼠品系的 *Kit* 等位基因和 CAST/Ei 小鼠品系的 *Gpi1* 等位基因。

8.2.4　如可获得来源于相同宿主背景与供体的几个品系，且它们携带相同的差异等位基因，那么这些个体品系用斜线加序列号和实验室代码的方式区分。例如，C.B10-H2^b/1Sn、C.B10-H2^b/2Sn。

8.2.5　可使用括号，来表示某一近交系、初始同源导入或同源导入近交系可能具有来自指定宿主背景和供体之外的较小的遗传贡献率。

8.2.6　对于单个附加品系的贡献，可在近交系或同源导入系名字后加括号，里面写上该品系缩写。多个、混合或未知附加品系的贡献可用 Cg 加括号来标识。若供体用 Cg 表示，则可不附加信息。

示例 18　同源导入近交系的命名（2）- 附加品系

名称	英文释义	中文释义
B6（C）-*mut*	A mutation originates on an inbred（*e.g.*, C57BL/6J）, is crossed out to or onto another background（*e.g.*, BALB/c）and then is crossed back onto the original background.	突变来自于一个近交系（例如，C57BL/6J），跟另一个近交系（例如，BALB/c）杂交，然后跟原始品系回交。
B6（Cg）-*mut*	A mutation arose in C57BL/6, was crossed onto a mixed or undefined background, and then was backcrossed back onto the original C57BL/6 background.	突变来自 C57BL/6，杂交到混合或不明背景的小鼠品系，然后跟原始的 C57BL/6 品系回交。
C.129P（B6）-*Il2*^{tm1Hor}	A targeted mutation created in a 129 ES cell line and transferred from a B6; 129P mixed background to BALB/c.	129 ES 细胞系靶突变，转移到带有 B6; 129P 遗传背景的 BALB/c 小鼠。

8.2.7　若已经转移的染色体片段可用几个基因或多个 DNA 位点界定，那么列出被证明存在于括号内染色体片段中的最近处和最远处的标记，以此界定该片段，并用连接符隔开。

示例 19 同源导入近交系的命名（3）-DNA 位点界定

名称	英文释义	中文释义
B6.Cg-（*D4Mit25*-*D4Mit80*）/Lt	A congenic strain made by introducing into C57BL/6J a segment of chromosome 4 from an outbred or mixed strain (=Cg), extending between the two defined markers.	一个同源导入近交系，将一段来自封闭群或混合系小鼠（=Cg）的 4 号染色体导入 C57BL/6J 小鼠，两段做标记。
B6.CBA-（*D4Mit25*-*D4Mit80*）/Lt	A similar congenic strain in which the donor chromosomal segment comes from the CBA/J strain.	一个类似的同源导入近交系，供体染色体片段来自 CBA 品系。

8.2.8 界定该片段的标记仅是经过检测的最近处和最远处的标记，这并不意味着更近处或更远处不存在未经检测的其他标记。若同一或不同实验室培养了含有相同片段的多个品系，则应按顺序标上斜线、序列号和实验室代码，否则无法区分。

8.2.9 在同源导入近交系名称后，以 N 及数字表示回交代数，如 N10F6 →回交 10 代的后再以兄妹交配 6 代。另外，较复杂的交配其代数可用 NE（N equivalent）及数字表示，如 NE10，表示当隐性基因回交到近交背景系时，经过 10 轮的回交和互交来恢复纯合子，用于下一次回交（20 代）。当通过回交后的兄妹交配来维持同源导入系，兄妹交配的代数写在回交代数之后，如 N10F6，10 代回交接着 6 代兄妹近交；NE12F17，遗传上等同于 12 代回交的一个回交与互交的复杂体系，接下来是 17 代的兄妹交配。当培育中快速同源导入系 N 最初将小于 10 时，在 N 之后括号写出实际代数，例如 N（6）。

8.3 染色体置换系（同染色体型系）

8.3.1 染色体置换系

8.3.1.1 通过将一整条染色体不断回交到一个近交系培育而成。与同源导入系一样，至少需要 10 代回交，F1 代视为第 1 代。对于常染色体，有必要分析后代的基因型来确保所选的供体染色体未与相应的受体染色体发生重组。

8.3.1.2 染色体置换系的命名方法为 HOST STRAIN-Chr #$^{\text{DONOR STRAIN}}$，如 C57BL/6J-Chr 19^{SPR} 为 *M. spretus* 的第 19 染色体回交于 B6 的染色体置换系。

示例 20 染色体置换系的命名

名称	英文释义	中文释义
SHR-Chr ^{YBN}	In this consomic rat strain, the Y chromosome from BN has been backcrossed onto SHR.	这个染色体置换大鼠品系，从 BN 大鼠的 Y 染色体回交到 SHR 大鼠而得。
C57BL/6J-Chr 19^{SPR}	In this consomic mouse strain, a *M.spretus* Chromosome 19 has been backcrossed onto C57BL/6J.	这个染色体置换小鼠品系，M.spretus 小鼠 9 号染色体回交到 C57BL/6J 小鼠而得。
C57BL/6J-Chr$^{\text{1A/J Chr 3DBA/2J}}$	In this consomic mouse strain, Chromosome 1 from the A/J strain and Chromosome 3 from the DBA/2J strain have been backcrossed onto C57BL/6J.	这个染色体置换小鼠品系，A/J 小鼠 1 号染色体和 DBA/2J 小鼠 3 号染色体回交到 C57BL/6J 小鼠而得。

8.3.1.3 有时不可能将整条染色体从一个品系转移到另一品系，原因是某一特定染色体上的致死效应。例如，PWD/Ph 个体染色体被转移到 C57BL/6J 品系的一个同染色体型集揭示，Chr 11 和 Chr X 不能被完整地转移。

8.3.1.4 为了对促成同染色体型集的被转移的染色体“段”命名，该区域可表示成十进制 1、2、3 等。因此，这个同染色体型集的 Chr 11 的一部分可为：C57BL/6J-Chr 11.1PWD/Ph/ForeJ。

8.3.1.5 尽管同染色体型品系在概念和培育方法上与同源导入品系相似，在同染色体型命名时，宿主系的名字不宜缩写，也不要求供体放在句点后面，原始品系可用上标表示。

8.3.1.6 上标中的所有字母大写，染色体字母 / 数字以及上标非斜体，这样能区分染色体标识符和等位基因符号。

8.4 分离近交系

8.4.1 分离近交系的命名与其他近交系相似，分离基因位点是该品系标准基因型的一部分（见 8.1，同源突变系）。

8.4.2 当分离被毛颜色等位基因是近交系正常表型的一部分时，品系名称中不需要写入它们（见示例 21）。

示例 21 分离近交系的命名

名称	英文释义	中文释义
129P3/J	This mouse strain segregates for the tyrosinase alleles albino（*Tyr*^{c}）and chinchilla（*Tyr*$^{c\text{-}ch}$）.	这个小鼠品系分离位点是酪氨酸酶等位白化基因（*Tyr*^{c}）和灰色基因（Tyr $^{c\text{-}ch}$）。
WB/Re	This mouse strain segregates for the dominant white spotting allele of the kit oncogene（*Kit*^{W}）.	这个小鼠品系分离位点是 kit 癌基因（*Kit*^{W}）显著的白色斑点等位基因。

8.5 核转移系的命名方法参见 GB 14923 有关规定。

9. 封闭群（远交群）的命名方法参见 GB 14923 有关规定。

10. 杂交群的命名

10.1 小鼠或大鼠两个近交系的正向杂交后代在遗传上是一致的，可用亲代（母系在前）的大写字母缩写，再写上 F1 来命名。正反杂交 F1 代在遗传上是不同的，因此其命名也不同。

示例 22 杂交群的命名（1）- 常规培育

名称	英文释义	中文释义
D2B6F1	Mouse that is the offspring of a DBA/2 mother and C57BL6/J father. A full F1 designation is（DBA/2N x C57BL/6J）F1.	该小鼠杂交群由 DBA/2 作为母代，C57BL6/J 作为父代杂交而成。F1 代全称为（DBA/2N x C57BL/6J）F1。
B6D2F1	Mouse that is the offspring of the reciprocal cross. A full F1 designation is（C57BL/6J x DBA/2N）F1.	该小鼠杂交群为正反交后代。F1 代全称为（C57BL/6J x DBA/2N）F1。
CB1BD22F1	Mouse that is the offspring of two recombinant inbred strains, a CXB1 mother and BXD22 father; full F1 designation is（CXB1/ByJ x BXD22/TyJ）F1.	该小鼠杂交群由两个重组近交系杂交而成。CXB1 作为母代，BXD22 作为父代杂交而成。F1 代全称为（CXB1/ByJ x BXD22/TyJ）F1。

10.2 杂交群进一步杂交培育遗传上不再相同的后代，仍可采用类似于 F1 杂交群命名方法命名。

示例 23 杂交群的命名（2）- 进一步杂交培育

名称	英文释义	中文释义
D2B6F2	are offspring of a D2B6F1 intercross.	D2B6F1 杂交后代。
B6（D2AKRF1）	are offspring of a（DBA/2 x AKR/J）F1 male backcrossed to a C57BL/6J female.	（DBA/2 x AKR/J）F1 作为父代，C57BL/6J 作为母代。

10.3 采用一个已知在遗传和 / 或表型与“标准”品系不同的亚系来构建杂交群，则该亚系应当以杂交群符号表示，如 BALB/cBy=CBy、C3H/HeSn=C3Sn。

示例 24 常用小鼠品系缩写

缩写	全名	缩写	全名
129	129 品系，包括若干亚系，例如 129S6 是 129S6/SvEvTac 的缩写。	CWt	BALB/cWt（Whitten 亚系）
A	A 品系，不包括 Heston 亚系。	C3	C3H 品系
A/He	A/He（Heston 亚系）	CBA	CBA 品系，不包括 Carter 亚系
AK	AKR 品系	CBA/Ca	CBA Carter 亚系
B	C57BL	D1	DBA/1 品系
B6J	C57BL/6J 亚系	D2	DBA/2 品系
B6N	C57BL/6N 亚系	HR	HRS/J 品系
B10	C57BL/10 品系	L	C57L/J 品系
BR	C57BR/CD 品系	R3	RIIIS/J 品系
C	BALB/c 品系	J	SJL 品系
CBy	BALB/cBy（Bailey 亚系）	SW	SWR 品系

11. 遗传修饰动物的命名方法参见 GB 14923 有关规定。

12. 除小鼠、大鼠外，其他实验动物的命名方法可参考本标准执行。

ICS 65.020.30
B 44

中国实验动物学会团体标准

T/CALAS 5—2017

实验动物　动物实验报告指南

Laboratory animal - Guideline for animal experiment report

2017-05-18　发布　　　　2017-05-18　实施

中国实验动物学会　发布

前　言

本标准按照 GB/T 1.1—2009 给出的规则编写。

本标准由中国实验动物学会归口。

本标准由全国实验动物标准化技术委员会（SAC/TC281）技术审查。

本标准由中国实验动物学会实验动物标准化专业委员会提出并组织起草。

本标准起草单位：中国医学科学院医学实验动物研究所。

本标准主要起草人：孔琪、秦川、魏强。

引　言

本标准制定的目的是通过科学的指导动物实验设计、结果分析和实验报告的质量，使动物实验报告的科学性和信息量最大化，有效地减少实验动物的使用数量，最大限度地避免不必要的研究。

本标准通过提高动物研究报告的质量，指导使用者在稿件中提供必要的信息。本标准提供的动物实验报告广泛适应于各个研究领域和实验方案，有助于编写可重复性、信息透明、内容全面精确、逻辑性强的高质量论文。促进科研成果在科学界更广泛的交流。

本标准修改采用英国国家3R中心（NC3Rs）编制的《动物研究：体内实验报告》（ARRIVE指南）。

ARRIVE（动物研究：体内实验报告）指南是由英国国家3R中心创设，旨在通过提高动物研究设计，分析和报告的质量，使报告的信息量最大化并将不必要的研究减至最低程度。该指南于2010年6月在*PLOS Biology*网络杂志发表，并得到多家科研杂志、主要的资助机构和学术团体的赞同。

本标准并不适合所有的动物实验研究，需要使用者结合研究实际有选择地采用部分条款。本标准最适合比较医学研究，即两个或多个实验动物组进行比较，其中一组或多组常设为对照组。也适用于比较药物不同剂量的研究，或者如用单一动物作为其自身对照（被试内实验）。大多数条款也适用于不含对照组的研究。

实验动物　动物实验报告指南

1　范围

本标准规定了动物实验报告的通用指南。

本标准适用于动物实验报告的作者、审查者、杂志编辑、专业评审和资助机构。

2　规范性引用文件

下列文件对于本文件的应用是必不可少的。凡是注日期的引用文件，仅所注日期的版本适用于本文件。凡是不注日期的引用文件，其最新版本（包括所有的修改单）适用于本文件。

GB 14925《实验动物　环境及设施》

3　术语和定义

3.1

动物实验 animal experiment

使用实验动物或其他动物开展的科学研究、教学、检定以及其他科学实验。

3.2

3R 原则 3R principles

动物实验应充分遵循减少（reduction）动物使用、优化（refinement）实验方案和动物替代（replacement）原则，简称 3R 原则。

3.3

减少 reduction

如果某一研究方案中必须使用实验动物，同时又没有可行的替代方法，则应把使用动物的数量降低到实现科研目的所需的最小量。

3.4

替代 replacement

指使用低等级动物代替高等级动物，或不使用活着的脊椎动物进行实验，而采用其他方法达到与动物实验相同的目的。

3.5

优化 refinement

通过改善动物设施、饲养管理和实验条件，精选实验动物、技术路线和实验手段，优化实验操作技术，尽量减少实验过程对动物机体的损伤，减轻动物遭受的痛苦和应激反应，使动物实验得出科学的结果。

3.6

实验组 experimental group

在生物对比实验（或对照实验）中的一个研究变量群体。

3.7

对照组 control group

随机抽取的实验对象的子集。在这个子集中，每个单位不接受实验组成员所接受的某种特别的处理。

3.8

环境丰富 environmental enrichment

通过改善实验动物生活环境，满足动物本能需求，来提高实验动物福利水平。

3.9

盲法 blinding

在对照动物实验中，一种预防实施者知晓实验对象所进入实验组的程序。实施者可为研究者、评估者和数据分析者。针对实施者的不同，可分为单盲法、双盲法和三盲法。

3.10

评估 evaluation

依据某种目标、标准、技术或手段，对收到的信息，按照一定的程序，进行分析、研究，判断其效果和价值的一种活动。

3.11

隐匿分组 hidden grouping

研究者应该不知道从笼子里取出的动物会被分配到哪一组。

4　标题

4.1　标题：应对报告内容提供一个准确、简明的描述。

4.2　摘要：应提供一个准确的摘要，包括研究背景、目的、所用动物种系、关键技术方法、主要结果和结论。

5　前言

5.1　研究背景

5.1.1　应包括充分的科学背景，明确的研究目的和背景，阐述实验方案的撰写依据。

5.1.2　应明确选择所用动物或动物模型的种类和原因，如何以及为什么可以达成研究目的。可注明该动物实验研究与人体研究的相关性。

5.2　研究目的：应明确描述研究目的或研究设想。

6　研究方法

6.1　伦理声明

a）应明确是否通过实验动物福利伦理委员会（IACUC）的审查。

b）应明确是否符合国家相关行政许可及法律依据，与研究相关的国家或机构的实验动物管理和使用指南或相关国家标准。

6.2 研究设计

6.2.1 应对每个实验，给出简明扼要的研究技术路线。

6.2.2 分组和数据采集

a）应明确实验组和对照组的设置和使用动物数量。

b）动物应随机分配到不同组，随机分组的方法应该说明，如隐匿分组。

c）应该提前制定停止数据收集的节点。

d）数据应该按计划收集和处理，或者仅适当延迟。

6.2.3 应阐述旨在减少主观性偏倚影响而采取的任何步骤，包括：①实验动物分组：应描述随机分组程序和评估结果；②盲法评估：应描述盲法评估对象和时机。

6.2.4 实验单位如以单个动物、群组或以一笼实验动物为单位，可用时线图或流程图来阐明研究设计的实施路线。

6.3 实验步骤 对每个实验和实验组（包括对照组），应提供所有已实施步骤详实的资料，包括如下几个方面。

a）实验方法：应包括药物配方和剂量，给药部位和途径，麻醉镇痛药物的应用和监测，手术步骤，动物安乐死的方法。提供所使用的任何专业设备的详细信息，包括供应商。

b）时间节点：实验中各阶段的时间点和内容。

c）实验设备：包括饲养笼、实验室和水迷宫等。

d）试剂选择：如特定麻醉药、给药途径和药物剂量的选择及原因。

6.4 实验动物

a）应提供所用实验动物的生物学背景资料，包括种类、品系、性别、发育阶段（年龄均值或中位数及其范围）和体重（均值或中位数及其范围）。

b）应提供所用实验动物相关信息，如动物来源、国际命名、遗传修饰状态（基因敲除或转基因）、基因型、健康 / 免疫状况、是否使用过药物或曾用于实验、和前期的实验研究等。

c）应提供生产许可证和使用许可证等信息。

6.5 饲养场所和条件

a）饲养场所：应符合 GB 14925 有关要求。应包括设施类型、无特定病原、笼舍类型、垫料、同笼动物数量、饲养鱼类水箱的形状和材料等。

b）饲养条件：应包括繁殖计划、光 / 暗周期、温度、鱼类的水质、饲料种类、获取饮用水和饲料的途径和环境丰富等。

c）福利评估：实验前、中和后期实验动物福利有关的评估和干预措施。

6.6 样本量

a）应明确实验中使用的实验动物总数和每组中分配的实验动物数量。

b）应说明动物实验所需样本量是如何确定的，并提供样本量计算的详细信息。

c）应明确适用性，标明每个实验的独立重复数量。

6.7 实验分组

a）应详细描述动物如何分配到各实验组的信息，包括随机分组或配对分组。

b）应描述对各实验组实验动物进行处理和评估的顺序。

6.8 实验结果：应明确界定所评估的主要和次要实验测量指标的结果（如细胞死亡、分子标记和行为改变）。

6.9 统计学方法

a）应提供每种分析所使用统计方法的详细信息。

b）应特别说明每个数据集的统计分析单位（如单个动物、一组动物或单个神经元）。

c）应描述如何评估数据是否满足统计学方法的假设。

d）中期评估时，可用多重数据评估的统计方法。

7 结果

7.1 基线数据 对于每个实验组，报告处理或测试前动物的相关特征和健康状况（如体重、微生物状况和未使用过药物或未曾用于实验），常用表格形式表示。

7.2 数字分析

a）应报告每一项分析中所包括的每组动物的数量，报告绝对数（如 10/20，而不是 50%）。

b）对于分析中未纳入的任何动物或数据，均应说明原因。

7.3 结果和评估

a）结果报告：应报告每一项分析的结果及精确度（如标准误或置信区间）。

b）结果判定：应采用盲法判定结果，即评估、检测或定量实验结果的研究者应不知道干预手段。

7.4 不良反应

a）应给出每个实验组所有重要不良反应的详细信息。

b）应描述为减少不良反应而对实验操作规程所作出的修改。

8 讨论

8.1 诠释科学内涵

a）解释结果时，应考虑研究目的、假设、当前理论和文献中其他相关的研究结果。

b）应评估研究的局限性，包括可造成偏倚的任何潜在因素，动物模型的局限性以及与结果相关的不准确性。

c）应描述该研究方法或结果对实验中遵循替代、优化或减少（3R 原则）实验动物使用的意义。

8.2 总结与转化：评论是否、如何使本研究成果转化到其他物种或系统，包括与人体生物学的相关性。

8.3 基金资助：应列出本研究涉及的所有资金来源（包括授权号）和研究资助者及其作用。

参 考 文 献

Guidelines ARRIVE to improve reporting of animal experiments [EB/OL]. http：//www. nc3rs. org. uk/news. asp：id=1356

Kilkenny C，Browne WJ，Cuthill IC，et al. 2010. Improving bioscience research reporting: the ARRIVE guidelines for reporting animal research. PLoS biology，8（6）：e1000412. doi：10. 1371/journal. pbio. 1000412.

Kilkenny C，Browne W，Cuthill IC，et al. 2010. Animal research: reporting in vivo experiments: the ARRIVE guidelines. Br J Pharmacol，160（7）：1577-1579.

Kilkenny C，Browne WJ，Cuthi I，et al. 2012. Improving bioscience research reporting: the ARRIVE guidelines for reporting animal research. Vet Clin Pathol，41（1）：27-31.

Liu Y，Zhao X，Mai Y，et al. 2016. Adherence to ARRIVE Guidelines in Chinese Journal Reports on Neoplasms in Animals. Hills RK，ed. PLoS ONE，11（5）：e0154657. doi:10. 1371/journal. pone. 0154657.

方泽萍，冷曦，刘雅莉，等 . 2015. 兰州市动物实验研究人员对 ARRIVE 指南及 GSPC 知晓情况调查。中国循证医学杂志，18（7）:797-801.

白哲，杨晶晶，许家科，等 . 2016. ARRIVE 指南和 GSPC 清单在国内期刊的引入 : 对期刊“稿约”和编辑的调查研究。中国循证医学杂志，16（9）:1020-1025.

ICS 65.020.30
B 44

中国实验动物学会团体标准

T/CALAS 6—2017

实验动物　动物实验偏倚风险评估指南

Laboratory animal - Risk of bias critics for animal experiments

2017-05-18　发布　　　　2017-05-18　实施

中国实验动物学会　发布

前　　言

本标准按照 GB/T 1.1—2009 给出的规则编写。

本标准由中国实验动物学会归口。

本标准由全国实验动物标准化技术委员会（SAC/TC281）技术审查。

本标准由中国实验动物学会实验动物标准化专业委员会提出并组织起草。

本标准主要起草单位：中国医学科学院医学实验动物研究所。

本标准主要起草人：孔琪、秦川、魏强。

引　言

动物实验中存在很多影响因素，会影响动物实验结果的科学性和准确性，产生偏倚。为了避免这种偏倚，对动物实验方案进行风险评估就非常重要。

本标准修改采用荷兰动物实验系统评价研究中心（the Systematic Review Centre for Laboratory Animal Experimentation，SYRCLE）制定的《SYRCLE 动物实验偏倚风险评估工具》（*SYRCLE's risk of bias tool for animal studies*）（2014 年）。该工具共包括 10 个条目，偏倚类型包括选择性偏倚、实施偏倚、测量偏倚、失访偏倚、报告偏倚和其他偏倚，与 Cochrane 偏倚风险评估工具一致，但涉及领域略有不同。

实验动物　动物实验偏倚风险评估规范

1　范围

本标准规定了动物实验偏倚风险评估的原则和方法。

本标准适用于动物实验方法学的质量评估。

2　规范性引用文件

下列文件对于本标准的应用是必不可少的。凡是注明日期的引用文件，仅注日期的版本适用于本标准。凡是不注日期的引用文件，其最新版本（包括所有的修改单）适用于本文件。

GB 14922.1《实验动物　微生物学等级及监测》

GB 14922.2《实验动物　寄生虫学等级及监测》

GB 14923《实验动物　哺乳类实验动物的遗传质量控制》

GB 14925《实验动物　环境及设施》

3　术语和定义

3.1

偏倚 bias

在研究的设计、实施、数据处理和分析的各个环节中产生的系统误差，以及结果解释、推论中的片面性，导致研究结果与真实情况之间出现倾向性的差异，从而错误地描述暴露与疾病之间的联系。

3.2

序列 sequence

被排成一列的对象（或事件）。

3.3

基线 baseline

实验过程中供实验人员参考的各个实验步骤的时间基准点。

3.4

实验组 experimental group

在生物对比实验（或对照实验）中的一个研究变量群体。

3.5

对照组 control group

随机抽取的实验对象的子集。在这个子集中，每个单位不接受实验组成员所接受的某种特别的处理。

3.6

疾病诱导 disease induction

以生物的、物理的及化学的因素作用于动物，使动物产生类似于人类疾病的生理改变。

3.7

随机方法 randomized method

使受试对象分在实验组或对照组的机会均等的方法。

3.8

分配隐藏 Distribution hiding

采用一定的方法对受试对象进行分组，使实施者和受试对象被分在实验组或对照组不可预知，从而保证受试者进入实验组或对照组的机会均等。可防止选择性偏倚。

3.9

盲法 blinding

在对照动物实验中，一种预防实施者知晓受试对象所进入实验组的程序。可防止实施偏倚和测量偏倚。针对实施者的不同，可分为单盲法、双盲法和三盲法。

4 动物实验分组（选择性偏倚）

4.1 序列产生：应采用随机方法分配序列。除非研究需要，不宜采用非随机方法。

4.1.1 随机方法

4.1.1.1 应描述分配序列产生的方法，以评价组间可比性。

4.1.1.2 可采用使用随机数字表或计算机随机发生器。

4.1.2 非随机方法

4.1.2.1 根据判断或调查者的偏好来分配。

4.1.2.2 根据实验室测试或者一系列测试结果来分配。

4.1.2.3 根据干预的有效性进行分配。

4.1.2.4 根据出生日期的奇偶数进行序列生成。

4.1.2.5 根据动物编号或者笼子编号规则进行序列生成。

4.2 基线特征

4.2.1 为保证实验开始时两组基线可比，应描述所有可能的预后因素或动物特征，包括是否符合国家相关行政许可及法律依据，与研究相关的国家或机构的实验动物管理和使用指南或相关国家标准（GB 14922.1、GB 14922.2、GB 14923、GB 14925 等）。

4.2.2 实验组和对照组基线特征的分配应均衡

4.2.3 诱导疾病发生的时间安排应充分且正确

4.2.4 基线特征和 / 或混杂因素

4.2.4.1 实验动物的年龄、性别、体重。

4.2.4.2 实验中感兴趣结局指标的基线值。

4.2.5 疾病诱导时间

4.2.5.1 疾病诱导时间应在干预随机分配之前进行。在干预随机分配之后进行时，疾病诱导时间应是随机的，且对实施干预措施人员施盲，使其不知道动物接受了何种干预。

4.2.5.2 在一些预防性研究，疾病诱导时间可在干预随机分配之后。

4.3 分配隐藏

4.3.1 应描述分配隐藏的方法，以判断动物入组前 / 或入组过程中干预分配可见。

4.3.2 可由第三方对实验组进行随机编码，然后编号放入不透明、密封的信封。

5 动物实验实施（实施偏倚）

5.1 动物随机化安置：应描述动物房中随机安置动物的方法。

5.1.1 研究者应在动物房中随机安置实验动物，避免受到光照、噪音等环境因素影响。

5.1.2 来自不同实验组的动物应生活在同一个场所中（饲养条件相同）。

5.2 盲法

5.2.1 应描述对动物饲养者和研究者施盲，以避免其知晓动物接受何种干预措施的具体方法。

5.2.2 应提供所实施盲法的有效性的任何信息。

5.2.3 可推荐的盲法

a）每个动物的身份证和笼子 / 动物标签被编码相同的外观。

b）顺序编号的药物容器的外观是相同的。

c）两组动物在相同的环境下给予干预。

d）在整个实验过程中，动物饲养条件的安置是随机的。

5.2.4 不推荐或不恰当的盲法

a）给笼子标签涂色（A 组红色标签，B 组黄色标签）。

b）对实验组和对照组可见的结果有预期差异。

c）在整个实验过程中，动物饲养条件的安置并非随机。

d）设计实验与实施实验、分析数据的是同一个人。

e）两组动物未在相同的环境下给予干预。

f）两组动物的干预环境不同。

g）给予安慰剂和药物的时间不同。

h）实验组和对照组中仪器的使用有差别。

6 动物实验结果（测量偏倚）

6.1 随机性结果评估：描述是否随机选择动物以用于结果评估，及选择动物的方法。

6.1.1 随机选择动物：结果评价中的动物是否经过随机选择

6.1.2 选择动物的方法：使用随机数字表或计算机随机发生器，等等。

6.2 盲法结果评估：描述对结果评价者施盲，以避免其知晓动物接受何种干预措施的具体方法。提供所实施盲法的有效性的任何信息。

6.2.1 对照组和实验组使用相同的结果评价方法。

6.2.2 在对结果进行评价的过程中，研究者随机选取动物。

6.2.3 对结果评价者未采用盲法，但应通过评价可知未实施盲法并不影响其结局指标的测定。

7　动物实验报告（报告偏倚）

7.1　不完整数据报告：应描述每个主要结局数据的完整性，包括失访和在分析阶段排除的数据。说明这些数据是否被报告以及每个干预组下（与最初随机分组的总数相比）失访或排除及任何重新纳入分析的原因。

7.1.1　应将所有动物都纳入最后的分析。

7.1.2　报告缺失数据不应影响结果真实性，并注明原因。

7.1.3　缺失数据是否在各干预组内相当，且各组缺失原因相似。

7.1.4　对缺失数据是否采用恰当的方法进行估算。

7.2　选择性结果报告：说明如何审查选择性报道结果的可能性及审查结果。

7.2.1　应可获取研究计划书，所有的主要和次要结局是否均按计划书预先说明的方式报告。

7.2.2　在无法获取研究计划书时，不应受到已发表文章中报告的所有预期结果的影响。

7.2.3　选择性结果报告。不应存在以下情况：

a）并未报告计划书中确定的所有主要结局。

b）一个或多个主要结局采用的测量和分析方法并未在计划书中预先确定。

c）一个或多个主要结局并未在计划书中预先确定，除非一些不可预见的不良反应等。

d）文章未报告此研究应当包含的主要结局指标。

8　其他偏倚（不包括在上述偏倚中的其他一些重要偏倚）

8.1　避免污染：应尽量避免使用共用药品，以避免药品污染。除干预药物，在实验中不宜给动物额外的可能会对结果造成影响或偏倚的治疗或药物。

8.2　资助者影响：不应受到来自资助者的不恰当影响。

8.3　分析单位错误

8.3.1　不应对实验动物身体局部进行干预。

8.3.2　不应给予干预时以一个笼的动物为一个单位，但分析时却以每个动物为一个实验单位。

8.4　实验设计相关的偏倚风险

8.4.1　不应存在不恰当的交叉设计。

8.4.2　不应存在携带效应风险的交叉设计。

8.4.3　不应存在仅能取得第一个时期数据的交叉设计。

8.4.4　不应存在由于持续时间引起大量样本退出所导致的实验动物并未接受二次或后续治疗的交叉设计。

8.4.5　不应存在所有动物均接受相同顺序干预的交叉设计。

8.4.6　不应存在相同对照的多组比较研究中并未报告所有的结局指标（选择性结果报告）。

8.4.7　不应存在多组对照比较的不同研究结果被整合（应分别报告每组的数据）。

8.4.8　不应存在群随机试验的统计分析未考虑聚类问题（分析单位错误）。

8.4.9　不应存在交叉设计中未考虑配对分析的结果。

8.5　不应有新的动物加入到实验组和对照组以弥补从原始种群中退出的样本。

参考文献

陈匡阳，马彬，王亚楠，等 . 2014. SYRCLE 动物实验偏倚风险评估工具简介 . 中国循证医学杂志，14（10）：1281-1285.

双梅，赵晨，张莉，商洪才 . 2016. 运用 SYRCLE 工具评价中文期刊发表卒中 / 中风动物实验的方法学质量 . 中国循证医学杂志，（5）：592-597.

牛军强，王亚楠，朱芊各，等 . 2015. 动物实验方法学和报告质量评估工具的横断面研究。中国循证医学杂志，15（2）：223-229.

Hooijmans CR1，Rovers MM，de Vries RB，et al. 2014. SYRCLE's risk of bias tool for animal studies. BMC Med Res Methodol，26；14：43.

Bailoo JD，Reichlin TS，Würbel H. 2014. Refinement of Experimental Design and Conduct in Laboratory Animal Research，ILAR Journal，55（3）：383-391.

Krauth D，Woodruff TJ，Bero L. 2013. Instruments for assessing risk of bias and other methodological criteria of published animal studies ：a systematic review. Environ Health Perspect，121（9）：985-992.

ICS 65.020.30
B 44

中国实验动物学会团体标准

T/CALAS 7—2017

实验动物　动物实验生物安全通用要求

Laboratory animal - Biosafety requirement for laboratory animal experiment

2017-05-18 发布　　2017-05-18 实施

中国实验动物学会　发布

前　言

本标准按照 GB/T 1.1—2009 给出的规则编写。

本标准由中国实验动物学会归口。

本标准由全国实验动物标准化技术委员会（SAC/TC281）技术审查。

本标准由中国实验动物学会实验动物标准化专业委员会提出并组织起草。

本标准起草单位：中国医学科学院医学实验动物研究所。

本标准主要起草人：秦川、魏强、孔琪。

实验动物　动物实验生物安全通用要求

1　范围

本标准规定了动物实验生物安全相关的实验动物质量要求、从业人员专业水平、动物实验要求、风险评估和风险控制、管理要求的通用要求。

本标准适用于动物实验的基本要求和管理。

2　规范性引用文件

下列文件中的条款通过本标准的引用而成为本标准的条款。凡是注日期的引用文件，其随后所有的修改（不包括勘误的内容）或修订版均不适用于本标准。凡是不注日期的引用文件，其最新版本适用于本标准。

GB19489—2008 《实验室生物安全通用要求》

GB14925—2010 《实验动物环境及设施》

ISO15190—2003 《医学实验室安全要求》

国家科委 2 号令 《实验动物管理条例》

国科发财字〔1997〕593 号 《实验动物质量管理办法》

《病原微生物实验室生物安全管理条例》

《实验室生物安全手册》（世界卫生组织，第三版，2004 年）

3　术语和定义

3.1

动物实验 animal experiment

使用动物进行的检验、测试、评价和研究活动。该活动通常控制在动物专用实验室和特定场所。可分为感染性实验和非感染性实验两大类。使用的动物通常为实验动物或实验用动物。动物实验通常也被称为动物试验。

3.2

动物实验人员 laboratory animal practitioner

从事动物实验或动物实验相关工作的各类人员，包括实验动物研究人员、技术人员、实验动物医师、阶段性人员等。

3.3

实验动物专业水平证书 laboratory animal professional certificate

从业人员经过实验动物相关机构技能等级培训，经考试合格后，取得的专业水平证明。

3.4

实验动物技能等级培训 laboratory animal certification training

对从事实验动物工作的从业人员取得相关专业水平进行培训。

3.5

实验动物管理人员 manager of laboratory animal resource

主要从事实验动物和动物实验设施运行及资源管理工作的人员。

3.6

生物安全实验室 biosafety laboratory

通过防护屏障和管理措施，达到生物安全要求的病原微生物实验室。

3.7

动物生物安全实验室分级 animal bio-safety level，ABSL

根据 GB19489—2008 实验室生物安全通用要求，以 ABSL-1、ABSL-2、ABSL-3、ABSL-4 表示从事动物活体操作的实验室的相应生物安全防护水平。

3.8

实验室生物安全 laboratory biosafety

实验室的生物安全条件和状态不低于容许水平，可避免实验室人员、来访人员、社区及环境受到不可接受的损害，符合相关法规、标准等对实验室生物安全责任的要求。

3.9

实验动物体型分类 laboratory animal type

根据动物体重差异将动物分为小型动物、中型动物和大型动物。小型动物一般指体型较小的啮齿类动物，如小鼠、大鼠、地鼠和豚鼠等；中型动物包括兔、犬、猴等。大型动物包括羊、牛、马等较大动物。分类的重点在于生物安全控制的意义及特殊性不同。

4 实验动物质量要求

4.1 实验动物

4.1.1 应来源于有实验动物生产和繁育合法资质的生产单位，附有相关资质证明。

4.1.2 实验动物有明确的微生物和寄生虫等级，附有检测合格证明。

4.1.3 外观健康，可以通过临床观察到的外观健康状况，如活动、精神、食欲等无异常；头部、眼睛、耳朵、皮肤、四肢、尾巴、被毛等无损伤、异常；分泌物、排泄物等无异常。

4.1.4 超过三个月的长期实验，实验期间应定期进行人兽共患病监测，并进行动态记录。

4.2 实验用动物

4.2.1 应来源于有动物生产繁育许可的单位或供应商，附有相关资质证明。

4.2.2 临床观察健康，应有健康检测、检疫合格证明。

4.2.3 应有本动物的人兽共患病检疫合格证明。

4.2.4 超过三个月的长期实验，实验期间应定期进行人兽共患病监测，并进行动态记录。

5 从业人员专业水平

5.1 基本要求

5.1.1 遵守实验动物和生物安全相关法律法规。

5.1.2 具有所从事岗位相应的专业教育背景。

5.1.3 符合实验动物从业人员健康要求。

5.1.4 获得实验动物从业人员岗位证书或相关职业专业水平证书，并经过专门技能等级培训。

5.1.5 掌握良好的动物实验室设施、设备、动物实验等风险评估和风险控制知识和技能。

5.1.6 具有良好的动物实验的能力，包括动物饲养能力、对动物认知能力、操作能力、信息采集能力、分析能力、关护能力、设施设备掌握能力和生物安全防护能力。

5.1.7 熟悉动物习性，了解受试物特性，了解动物实验的目的、方法、风险以及风险控制。

5.2 从事病原微生物活动的特殊要求

5.2.1 在满足 5.1 要求的基础上，应掌握良好的生物安全知识，接受生物安全专门培训并获得相关部门专业水平认定。

5.2.2 掌握良好的实验动物知识和动物实验技能，包括饲养管理、临床观察、样本采集、解剖分析、组织材料和尸体的无害化处置。

5.2.3 掌握良好的实验动物饲养相关设备、设施性能要求及异常情况处置。

5.2.4 掌握良好的动物实验相关设备的安全使用、操作及异常情况处置。

5.2.5 掌握良好的病原、设施设备、动物实验等风险评估和风险控制知识和技能。

5.2.6 动物实验或项目负责人有能提供良好的动物使用申请书的能力。

5.2.7 应符合 GB19489 中有关实验室人员管理的要求。

6 动物实验要求

6.1 一般要求

6.1.1 实验室设施、设备应符合 GB 19489、GB 14925 的有关要求。实验室处于良好运行状态，实验用具应配备到位。

6.1.2 应使用国际、国家规定的通用标识。实验室标识应明确、醒目和易区分。实验室主入口处应有标识，明确说明生物防护级别、操作的生物因子、实验室负责人姓名、紧急联络方式和国际通用的生物危险符号。

6.1.3 实验室应得到管理部门的批准，允许开展动物实验活动。实验动物应处于良好的实验室适应状态，一般经过 3-7 天的实验环境适应。

6.1.4 应明确动物实验负责人并对该实验过程、正确处置负责；动物实验负责人、实验人员应制定完善实验方案和安全处置预案。

6.1.5 实验方案和安全处置预案应有必要的动物实验福利、伦理及生物安全相关机构的审查、批准。

6.1.6 实验结束后应进行必要的设施、设备、用品、废弃物安全处置。

6.2 动物饲养

6.2.1 高致病性的一类病原要求在 ABSL-4、二类病原要求在 ABSL-3 高等级实验室中进行，并符合国家有关生物安全实验室管理规定。感染性动物实验的动物饲养应控制在能有效隔离保护的设备或环境内，如 IVC、隔离器、单向流饲养柜、特定实验室等。

6.2.2 三类病原感染性动物实验应采用 IVC 或同类饲养设备进行饲养。

6.2.3 四类病原应严格控制实验环境，有条件或必要时应采用 IVC 饲养。

6.2.4 保证合理的恒温恒湿、通风换气、噪音、光照度等，设置必要的活动场地。

6.2.5 应有福利伦理措施，提供必要的玩具，特别是犬、猴。应该注意玩具等的消毒灭菌。

6.2.6 进行高等级病原动物实验时，应以生物安全为第一要素，可减少或不提供玩具等。

6.2.7 动物密度不可过高，饮水须经灭菌处理。动物的移动应做到每个环节实行有效防护，避免病原污染环境。

6.3 动物操作

6.3.1 为防止被动物咬伤、抓伤，在进行皮下、腹腔、尾静脉注射、采血、给药和处死的实验操作时，应正确抓取、保定动物，佩戴动物专用防护手套等防护物品

6.3.2 动物实验前应有相应的操作程序和作业指导书（SOP）。

6.3.3 应做好充分准备，及时记录动物采样、解剖、手术、处死等活动。

6.3.4 动物在病原感染实验时，不提倡配合性训练，应麻醉后再进行操作。

6.3.5 每次动物实验结束后，应进行实验后相关实验室区域环境和设备消毒处理；全部实验结束后，应进行彻底的实验室环境和设备的终末消毒处理。

6.3.6 动物处死应符合安乐死原则。所有动物组织、尸体以及相关材料严格进行消毒灭菌处理，并符合无害化环保要求处置。

7 风险评估和风险控制

7.1 动物实验室应建立并维持风险评估和风险控制制度。应明确实验室持续进行风险识别、风险评估和风险控制的具体要求。

7.2 理化和致病因子的风险评估和风险控制应遵照相关规定进行。

7.3 动物实验的风险评估和风险控制：应有相应的动物实验风险识别、评估和控制要求；应按动物实验生物安全程序控制意外事件发生，具有良好的动物实验事故预案、处置措施。

7.3.1 动物实验实验室设施设备风险的识别、评估和控制

7.3.1.1 实验室设施应符合相关规定，动物实验间的环境技术指标应符合标准，应重点关注：

a）不同等级实验室结构和功能的稳定性，防护区的密闭性，压力、温度与气流控制。

b）动物饲养间内墙表面应光滑平整，阴阳角均为圆弧形，易于清洗、消毒。墙面应采用不易脱落、耐腐蚀、无反光、耐冲击的材料。地面应防滑、耐磨、无渗漏。天花板应耐水、耐腐蚀。

c）实验室缓冲间互锁、密闭门以及门禁系统的稳定性；与防护区相关联的通风空调系统及水、电、气系统等的稳定性。

d）饲养间应合理组织气流和布置送、排风口的位置，宜避免死角、断流、短路。废气、废水的排放系统安全性能。

e）动物实验区，包括缓冲间、风淋室、检疫间、隔离室、操作室、手术室、饲育间、清洁物品贮藏室、消毒后室、走廊均应保持清洁状态。普通级中型动物检疫间应与动物饲养区分开设置。

f）辅助区：包括仓库、洗刷消毒室、废弃物品存放处理间（设备）、解剖室、密闭式实验动物尸体冷藏存放间（设备）、机械设备室、淋浴室、工作人员休息室、更衣室均应保持清洁状态。

g）动物设施控制、监视系统等可能出现故障或失效。

7.3.1.2　动物实验相应的饲养、使用、实验用设备以及器具结构和功能的维持，应重点关注：

a）动物饲养设备应能满足动物物理防护要求，材质、尺寸、舒适度等符合动物福利标准；维持正常运行的性能。

b）动物饲养设备应能满足动物生物防护要求，结构和功能等符合生物安全标准。

c）笼具的材质应符合动物的健康要求，无毒、无害、无放射性、耐腐蚀、耐高温、耐高压、耐冲击、易清洗、易消毒灭菌。

d）笼具的内外边角均应圆滑、无锐口，动物不易噬咬、咀嚼。笼子内部无尖锐的凸起伤害到动物。笼具的门或盖有防备装置，能防止动物自己打开笼具或打开时发生意外伤害或逃逸。笼具应限制动物身体伸出受到伤害，伤害人类或邻近的动物。

e）常用实验动物笼具的大小最低应满足相关标准的要求，实验用大型动物的笼具尺寸应满足动物福利的要求、操作和生物安全的需求。

f）运输笼具应足够坚固，能防止动物破坏、逃逸或接触外界，并能经受正常运输的性能。

g）高压蒸汽灭菌器、生物安全柜、离心机、培养箱等。

h）废物、废水、废气处理设备。

i）防动物抓伤、咬伤、喷溅，防切割手套等个人防护装备的有效性。

j）动物笼具、器械等可能出现故障或失效。

7.3.2　动物实验的风险识别、评估和控制：

7.3.2.1　实验动物或实验用动物的来源及相关资质证明评价。

7.3.2.2　实验动物的微生物和寄生虫等级及检测证明；实验用动物应有健康合格检测、检疫证明评价。

7.3.2.3　动物临床观察到的外观健康状况，如分泌物、排泄物等的异常。

7.3.2.4　动物的种类、特性与感染病原类别和饲养设备安全保障的符合性。

7.3.2.5　当实验活动涉及遗传修饰生物体（GMOs）时，应考虑插入基因（供体生物）直接引起的危害以及与受体 / 宿主有关的危害。

7.3.2.6　涉及动物饲养与实验操作可能的危害，如：

a）动物抓伤、咬伤、喷溅物，动物逃逸的环境污染。

b）动物毛屑、呼吸产生的气溶胶。

c）解剖、采样、检测。

d）排泄物、分泌物、组织 / 器官 / 尸体。

e）垫料、玩具、废弃物处理等。

7.3.2.7　实验活动涉及致病性生物因子的已知或未知的特性，如：

a）病原危害程度分类。

b）病原生物学特性。

c）动物感染、传播途径：如呼吸道、消化道、血液、媒介、皮肤感染等。

d）动物易感性和致病性：宿主范围、致病所需的量、潜伏期、临床症状、病程、发病率、死亡率、排毒（菌）部位等。

e）与其他生物和环境的交互作用、相关实验数据、流行病学资料。

f）在环境中的稳定性。

g）已有的预防和治疗措施，包括疫苗和治疗药物。

7.3.2.8 涉及动物实验致病性生物因子的活动，如：

a）动物感染来源菌毒种及感染性物质的领取、转运、保存、销毁等。

b）动物标本分离、培养、鉴定、制备等操作。

c）易产生气溶胶的操作，如离心、研磨、振荡、匀浆、超声、接种、冷冻干燥等。

d）锐器的使用，如注射针头、解剖器材、玻璃器皿等。

e）疾病、感染动物源性病原体的环境污染监测方法。

7.3.3 动物实验活动安全管理的风险，包括但不限于：消除、减少或控制风险的管理措施和技术措施，及采取措施后残余风险或新生风险；运行经验和所采取的风险控制措施，包括与设施、设备有关的管理程序、操作规程、维护保养规程等的潜在风险；实施应急措施时可能引起的其他风险。

7.3.3.1 涉及致病性生物因子实验活动的相关人员，如：

a）动物操作专业及生物安全知识、操作技能。

b）对动物实验风险的认知；动物使用申请项目的理解能力。

c）知情同意的理解和心理素质、承受能力。

d）实验动物和动物实验的专业及生物安全培训状况。

e）动物实验意外事件 / 事故的处置能力。

f）身心健康状况，如对动物来源物质的过敏、惧怕。

g）动物实验人员健康监测、医疗保障及医疗救治。

h）对外来进行动物实验的实验人员安全管理及提供的保护措施。

i）管理人员对实验室生物安保制度和安保措施的认识，重点识别所保藏的或使用的致病性生物因子被盗、滥用和恶意释放的风险。

7.3.3.2 实验室设施、设备、用品，如：

a）动物实验室设施安全监视和报警系统维护、运行。

b）动物饲养、操作设备维护、运行。

c）动物来源标本、菌毒种及样本保藏设施、设备，如液氮罐、冰箱。

d）动物废物、废水的排放系统、设备安全性能；尸体分解设备的安全性。

e）环境丰荣物品（玩具）的合理性。

f）垫料的材质应符合动物的健康和福利要求，应满足吸湿性好、尘埃少、无异味、无毒性、无油脂、耐高温、耐高压等条件。

g）高等级动物生物安全实验室生命支持系统、正压防护服、化学淋浴装置等。

7.3.4 动物实验的风险评估

7.3.4.1 动物实验室应在以下情况进行风险评估（但不限于）：

a）开展新的动物实验活动或变更实验活动（包括设施、设备、人员、活动范围、规程等）。

b）操作超常规量病原体感染动物或从事特殊活动。

c）本实验室或同类实验室发生过的动物实验事件、事故。

d）使用基因工程（基因修饰）动物、重组病原体的实验活动。

e）使用实验用动物（家禽类、野生、非实验动物）的病原感染性实验。

f）相关政策、法规、标准等发生改变。

7.3.4.2　风险评估应和动物福利伦理审查相结合，实验动物使用管理委员会审查重点如下（但不限于）

a）动物实验福利、伦理审查的基本原则是兼顾动物福利和人员利益，在综合评估动物所受的伤害和使用动物的必要性基础上进行科学审查。

b）涉及动物保护、动物福利、伦理、科学需要、生物安全等各方面内容。

c）遵循动物保护原则，禁止无意义滥养、滥用、滥杀实验动物，制止没有科学意义和社会价值或不必要的动物实验。

d）动物福利原则强调保证实验动物的权利。伦理原则，既要考虑动物的利益，善待动物，又要保证实验动物项目的科学性。生物安全原则提倡要保证实验人员和环境的安全。

e）动物实验方案审查的内容应该包括：实验人员是否符合操作要求；设施设备是否符合动物要求；饲料、垫料、饮水是否符合动物要求；动物运输是否符合要求；实验方案是否符合动物福利要求；动物处置是否符合伦理规范；动物处死是否符合安乐死原则；动物尸体处理是否符合无害化环保要求，等等。这些方面，都要有生物安全作为保障。

f）实验动物种类、病原种类和防护要求：实验动物体型不同，饲养设施、设备环境及安全控制存在客观差异。小型动物小鼠、大鼠、地鼠和豚鼠等饲养设备如IVC、隔离器等条件较好，一般易于控制。中型动物兔、犬、猴等受到体型、特性等限制，应尽量做到有效控制。大型动物羊、牛、马等实验用动物尚无国家微生物、寄生虫等检测标准，实验应按相关要求进行。

7.3.4.3　风险评估应由具有经验的实验动物专业人员（不限于本机构内部的人员）进行。专业宜涵盖病原微生物学、实验动物医师学、临床医学、卫生工程学等。

7.3.4.4　风险评估应以国家法律、法规、标准、规范，以及权威机构发布的指南、数据等为依据。

7.3.4.5　对已识别的风险进行分析、评估，形成风险评估报告。

7.3.5　风险评估报告

7.3.5.1　风险评估报告的内容至少应包括：动物实验活动（项目计划）简介、评估目的、评估依据、评估方法 / 程序、评估内容、动物实验福利伦理审查结论、评估结论。

7.3.5.2　风险评估报告应注明评估时间、编审人员及批准人员。

7.3.5.3　风险评估报告应经实验室设立单位批准。

7.3.6　风险控制

7.3.6.1　动物实验的防护应依据风险评估结论采取相应的风险控制措施，包括人员防护、动物防护、环境防护等。

7.3.6.2　采取风险控制措施时宜首先考虑控制动物及病原源性危险，然后再考虑降低风险，采用配备适当的防护装备。

8 管理要求

8.1 管理机构

8.1.1 动物实验室或所属单位应有明确的法律地位和从事相关活动的资格。应设立生物安全委员会和实验动物使用管理委员会，负责咨询、指导、评估、监督实验室的动物生物安全活动相关事宜和安全管理。

8.1.2 实验室管理人员应负责安全管理体系的设计、实施、维持和改进，如应负责：

a）为实验室所有人员提供履行其职责所需的适当权力和资源。

b）明确实验室的组织和管理结构，包括与其他相关机构的关系。

c）规定所有人员的职责、权力和相互关系。

d）安排有能力的人员，依据实验室动物实验的经验和职责对其进行适当的培训和监督。

8.1.3 实验室动物实验操作人员应经相应培训，规范开展各项实验室活动。

8.1.4 实验室应指定安全负责人，赋予其监督所有活动的职责和权力，包括制定、维持、监督实验室安全计划的责任，阻止不安全行为或活动的权力，直接向决定实验室政策和资源的管理层报告的权力。

8.1.5 实验室应指定实验室技术负责人，并提供可以确保满足实验室规定的安全要求和技术要求的资源。

8.1.6 实验室应指定每项活动的项目负责人，负责制定动物实验活动计划、风险评估报告、安全及应急措施要求。

8.1.7 实验室安全管理体系应与实验室规模、动物实验活动的复杂程度和风险相适应。

8.1.8 安全管理体系文件通常包括管理手册、工作程序、说明及操作规程、记录等文件，应有供现场工作人员快速使用的安全手册。

8.1.9 应指导所有人员使用和应用与其相关的安全管理体系文件及其实施要求，并评估其理解和运用的能力。

8.2 管理责任

8.2.1 实验室管理层应对所有人员和环境的安全负责。应制定明确的准入制度并主动告知实验人员可能面临的动物实验的风险。

8.2.2 应为实验人员提供持续培训及继续教育、培训的机会，保证实验人员可以胜任所分配的工作。

8.2.3 应为实验人员提供必要的免疫计划、定期的健康检查和医疗保障。

8.2.4 应保证实验室动物设施、设备、个体防护设备、材料等符合国家有关的安全要求，并定期检查、维护、更新，确保不降低其设计性能。

8.2.5 应为实验人员提供符合动物实验要求的适用防护用品和器材。

8.2.6 实验室管理人应负责人员专业水平确认和动物质量确认。

8.3 个人责任

8.3.1 动物实验人员应充分认识和理解所从事动物实验工作的风险。应自觉遵守实验室的管理规定和要求。

8.3.2　在身体状态许可的情况下，应接受实验室的免疫计划和其他的健康管理规定，如留有血清备查记录。

8.3.3　应按规定正确使用动物实验室设施、设备和个体防护装备。

8.3.4　应主动报告可能不适于从事动物实验的个人状态。

8.3.5　有责任和义务避免因个人原因造成动物生物安全事件或事故。

8.3.6　如果怀疑个人受到动物来源的损伤和感染，应立即报告。

8.3.7　应主动识别任何动物实验的危险和不符合规定的工作，并立即报告。

第三篇

实验动物质量控制系列标准

ICS 65.020.30
B 44

中 国 实 验 动 物 学 会 团 体 标 准

T/CALAS 8—2017

实验动物　树鼩微生物学等级及监测

Laboratory animal - Microbiological standards and monitoring in tree shrew

2017-05-18　发布　　　　2017-05-18　实施

中国实验动物学会　发布

前　　言

本标准按照 GB/T 1.1—2009 给出的规则编制。

本标准由中国实验动物学会归口。

本标准由全国实验动物标准化技术委员会（SAC/TC281）技术审查。

本标准由中国实验动物学会实验动物标准化专业委员会提出并组织起草。

本标准起草单位：中国医学科学院医学生物学研究所、中国食品药品检定研究院。

本标准主要起草人：孙晓梅、代解杰、贺争鸣、岳秉飞、罕园园、王文广、李娜、巩薇、王淑菁、邢进、付瑞、匡德宣、陆彩霞、仝品芬。

实验动物　树鼩微生物学等级及监测

1　范围

本标准规定了树鼩的微生物学等级分类、检测要求、检测程序、检测规则、检测方法、结果判定、判定结论等。

本标准适用于树鼩微生物学等级监测。

2　规范性引用文件

下列文件中的条款通过本标准的引用而成为本标准的条款。凡是注日期的引用文件，其随后所有的修改单（不包括勘误的内容）或修订版均不适用于本标准。然而，鼓励根据本标准达成协议的各方，研究是否可使用这些文件的最新版本。凡是不注日期的引用文件，其最新版本适用于本标准。

NY/T 541 《动物疫病实验室检验采样方法》

GB/T 14926.50~14926.55 《实验动物　微生物学检测方法》

GB 19489 《实验室　生物安全通用要求》

GB/T 14926.1 《实验动物　沙门菌检测方法》

GB/T 14926.4 《实验动物　皮肤病原真菌检测方法》

GB/T 14926.47 《实验动物　志贺菌检测方法》

GB/T 14926.14 《实验动物　金黄色葡萄球菌检测方法》

GB/T 14926.15 《实验动物　肺炎链球菌检测方法》

GB/T 14926.30 《实验动物　兔轮状病毒检测方法》

GB/T 14926.49 《实验动物　空肠弯曲杆菌检测方法》

GB/T 14926.60 《实验动物　猕猴疱疹病毒Ⅰ型（B 病毒）检测方法》

GB/T 14926.50 《实验动物　酶联免疫吸附实验》

GB/T 14926.52 《实验动物　免疫荧光试验》

3　术语和定义

下列术语和定义适用于本文件。

3.1

普通级树鼩 conventional（CV）tree shrew

经人工培育，遗传背景明确或者来源清楚，对其携带的微生物和寄生虫实行控制，不携带所规定的人兽共患病病原和烈性传染病病原，用于科学研究、教学、生产和检定以及其他科学实验的树鼩。简称普通树鼩。

3.2

无特定病原体级树鼩 specific pathogen free（SPF）tree shrew

除普通级树鼩应排除的病原外，不携带所规定的潜在感染或条件致病和对科学实验干扰大的病原的树鼩。简称无特定病原体树鼩或 SPF 树鼩。

4 树鼩等级分类

树鼩微生物学等级分为普通级和无特定病原体级。

5 缩略语

IFA：免疫荧光试验

ELISA：酶联免疫吸附试验

PCR：聚合酶链式反应

6. 检测要求

6.1 外观指标

外观检查无异常。

6.2 病原微生物检测项目

各等级树鼩病原微生物检测项目见表 1。

表 1 各等级树鼩病原微生物检测项目

动物等级		病原微生物	检测要求
无特定病原体级	普通级	沙门菌 *Salmonella* spp.	●
		志贺菌 *Shigella* spp.	●
		皮肤病原真菌 Pathogenic dermal fungi	●
		疱疹病毒 Herpesvirus	●
		轮状病毒 Rotavirus	●
		呼肠孤病毒 Reovirus	●
		腺病毒 Adenovirus	○
		肺炎链球菌 *Streptococcus pnemoniae*	●
		变形杆菌 *Proteus* spp.	●
		金黄色葡萄球菌 *Staphylococcus aureus*	○
		空肠弯曲菌 *Campylobaceter jejuni*	○

●必须检测项目，要求阴性；

○必要时检测项目，要求阴性。

6.3 检测项目分类

6.3.1 必须检测项目

在进行树鼩质量评价时必须检测的项目，要求阴性。必须检测项目用“●”表示。

6.3.2　必要时检测项目

在引进树鼩时；怀疑有本病流行时；申请实验动物生产许可证时必须检测的项目。必要时检测项目用“○”表示。

7.　检测程序

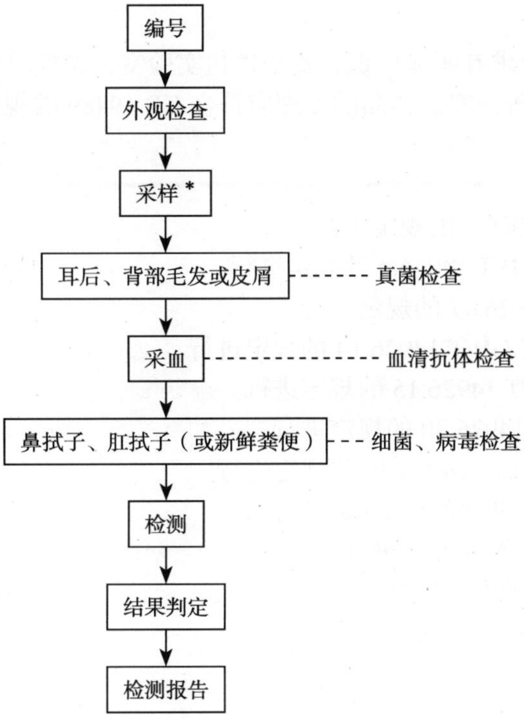

图 1　检测程序

*：结合临床症状和实验室检查结果，需要进一步确证时，可取特定样本进行检测

8　检测规则

8.1　检测频率　每三个月至少检测一次。

8.2　采样

8.2.1　方式

选择成年树鼩用于检测，随机取样。

8.2.2　方法

8.2.2.1　按真菌、病毒、细菌要求联合取样。

8.2.2.2　采样方法按照标准 NY/T 541 进行。

8.2.3　数量

根据树鼩群体大小，采样数量见表 2。

表 2 采样数量

群体大小（只）	采样数量 *
＜ 100	不少于 5 只
100~500	不少于 10 只
＞ 500	不少于 15 只

* 血液不少于 1ml/ 只

8.3 送检要求 样本要求有明显标识，安全送达实验室，送检单应写明检品名称、品系、等级、数量及检测项目等内容。样品的处理应符合 GB 19489 的规定。

9 检测方法

9.1 沙门菌按 GB/T 14926.1 的规定进行。
9.2 皮肤病原真菌按 GB/T 14926.4 的规定进行。
9.3 志贺菌按 GB/T 14926.47 的规定进行。
9.4 金黄色葡萄球菌按 GB/T 14926.14 的规定进行。
9.5 肺炎链球菌按 GB/T 14926.15 的规定进行。
9.6 轮状病毒按 GB/T 14926.30 的规定进行。
9.7 空肠弯曲杆菌按 GB/T 14926.49 的规定进行。
9.8 疱疹病毒按 GB/T 14926.60 的规定进行。
9.9 呼肠孤病毒按附录 A 的方法进行。
9.10 腺病毒按附录 B 的方法进行。
9.11 变形杆菌按附录 C 的方法进行。

10 结果判定

10.1 抗体检查 疱疹病毒和轮状病毒经 ELISA 或 IFA 检测，血清抗体阴性判为合格。
10.2 病原体检查 细菌、真菌经分离培养鉴定，未见病原体判为合格。
10.3 病原体核酸 PCR 检查 呼肠孤病毒和腺病毒待检样品经核酸 PCR 检测，无扩增目的条带判为合格。待检样品扩增出特异性目的条带即可判为疑似阳性；对疑似阳性样品，再用同一 PCR 或 ELISA 方法重试，如仍为阳性则判为阳性，判为不合格。

11 判定结论

按照申报的等级标准，所有项目的检测结果均达到要求，判为合格。如有一只动物的一项指标不符合该等级标准要求，则判为动物不符合该等级标准。

附录 A 树鼩呼肠孤病毒 PCR 检测方法

A.1 材料

A.1.1 主要试剂

病毒总 RNA 提取试剂盒和 PCR 试剂盒；树鼩呼肠孤病毒 PCR 检测引物及目的片段大小见附表 1。

附表 1

树鼩呼肠孤病毒 PCR 检测引物列表		
外围	上游引物 TRV-F1	5’-CCATGATACTGACTCAGTTTGGACCG-3’
	下游引物 TRV-R1	5’-CACTAAGAAAATACCRCTAGTRCAWGCCAT-3’
内围	上游引物 TRV-F2	5’-GATTAAGGCBCCWTTGGAGAAGTTTG-3’
	下游引物 TRV-R2	5’-GACAAGGGCRTRRCTCCCATGTACAT-3’

注：扩增目的片段 513bp

A.1.2　主要仪器

PCR 仪、高速离心机、恒温水浴箱、电泳仪、紫外分光光度计、凝胶成像系统。

A.2　方法

采用普通巢氏 RT-PCR 检测方法。

A.2.1　样品取材

用无菌棉签采取树鼩肛拭子，或新鲜粪便保存在 −20℃冰箱备用。

A.2.2　标本总 RNA 提取

用病毒 RNA　提取试剂盒提取 RNA，具体操作按说明书进行。经紫外分光光度计测定浓度，通过 OD260/OD280 比值判定质量。

A.2.3　PCR 反应

cDNA 合成反应：按照 Fermentas RevertAid™ First Strand cDNA Synthesis Kit 操作步骤，依据反转录体系见附表 2，反应条件为：25℃孵育 5min，42℃ 60min，70℃ 5min 获得 cDNA。

反转录反应体系见附表 2

附表 2

反应成分	反应体积
病毒 RNA	8μL
Random Hexamer Primer	1μL
Nuclease-free water	3μL
5 × Reaction buffer	4μL
RiboLock RNase Inhibitor（20U/μL）	1μL
10mmol/L dNTP Mix	2μL
RevertAid M-MuLV RT（200U/μL）	1μL
总体积	20μL

第一次 PCR 反应体系及条件见附表 3。

附表 3

第一次 PCR 反应体系		第一次 PCR 反应扩增条件	
反应成分	反应体积	95℃ 5min	
反转录 cDNA 模板	3μL		
DreamTaq Green PCR Master Mix	12.5μL	95℃ 30s	35 个循环
nuclease-free water	7.5μL	50℃ 30s	
TRV-F1（5μmol/L）	1μL	72℃ 2min，	
TRV-R1（5μmol/L）	1μL		
总体积	25μL	72℃ 10min	

第二次 PCR 反应体系及条件见附表 4

附表 4

第二次 PCR 反应体系		第二次 PCR 反应扩增条件	
反应成分	反应体积	95℃ 5min	
反转录 cDNA 模板第一次 PCR 产物 3μL	3μL		
DreamTaq Green PCR Master Mix	12.5μL	95℃ 30s	35 个循环
Nuclease-free water	7.5μL	50℃ 30s	
TRV-F2（5μmol/L）	1μL	72℃ 2min，	
TRV-R2（5μmol/L）	1μL		
总体积	25μL	72℃ 10min	

A.2.4 电泳检测

取 5μL PCR 产物经 1.5% 琼脂糖凝胶电泳（含 0.5mg/mL 溴乙锭）分离，用 DNA marker 确定 PCR 产物大小。在凝胶成像系统观察是否有 513bp 扩增条带。

A.3 结果判定

在阴性、阳性对照成立的条件下，待检样品扩增到 513bp 特异性条带判为阳性，未扩增到判为阴性。对阳性检测结果，再用同一 PCR 或 ELISA 方法重试，如仍为阳性则判为阳性。

附录 B 树鼩腺病毒 PCR 检测方法

B.1 材料

B.1.1 主要试剂

DNA 提取试剂盒和 PCR 试剂盒；树鼩腺病毒 PCR 检测引物：上游引物：GCGGAGCGGGTTGTAGGGTA；下游引物：TCGTGCGGCTGGCGTTTT；扩增目的片段 495bp。

B.1.2 主要仪器

PCR 仪、高速离心机、恒温水浴箱、电泳仪、紫外分光光度计、凝胶成像系统。

B.2 方法

采用普通 PCR 检测方法。

B.2.1　样品取材

采取树鼩新鲜粪便保存在 −20℃冰箱备用。

B.2.2　样品总 DNA 提取

用 DNA 提取试剂盒提取粪便 DNA，具体操作按说明书进行。经紫外分光光度计测定浓度，通过 OD260/OD280 比值判定质量。

B.2.3　PCR 反应

PCR 反应体系为 25μL，包括：10xPCR buffer2.5μL，dNTP 2μL，ddH$_2$O 17.35μL，引物各 1μL，DNA1μL，HS *Taq* 酶 0.15μL。PCR 反应条件为：94℃预变性 5min；94℃ 1min；退火温度 58℃ 1min，72℃ 1min，35 个循环；72℃ 10min。

B.2.4　电泳检测

取 5μL PCR 产物经 1.5% 琼脂糖凝胶电泳，用 DNA marker 确定 PCR 产物大小。用凝胶成像系统测定 PCR 产物，阳性片段为 495bp。

B.3　结果判定

在阴性、阳性对照成立的条件下，待检样品扩增到 495bp 特异性条带判为阳性，未扩增到判为阴性。对阳性检测结果，再用同一 PCR 或 ELISA 方法重试，如仍为阳性则判为阳性。

附录 C　树鼩变形杆菌检测方法

C.1　材料

C.1.1　主要试剂

S.S 琼脂；血琼脂培养板；麦康凯琼脂平板；氧化酶试纸。

C.1.2　主要仪器

普通恒温培养箱。

C.2　方法

C.2.1　动物的取材

用无菌棉签采取树鼩肛拭子，或新鲜粪便。

C.2.2　检测流程

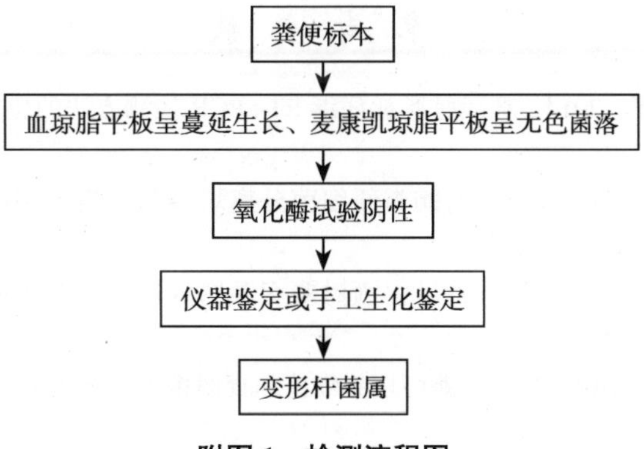

附图 1　检测流程图

C.2.3 形态与染色

革兰阴性菌落。

C.2.4 培养特性

在血琼脂平板上 35℃ ± 2℃培养 18~24h，可蔓延成波纹状薄膜，布满整个平板表面（迁徙现象）；在 SS 平板上为无色透明中心黑色或灰色、中等大小菌落；在麦康凯琼脂平板上形成圆形、扁平、无色半透明的菌落。

C.2.5 生化反应

氧化酶试验阴性，发酵葡萄糖和蔗糖，不发酵乳糖、肌醇和甘露醇，KCN 生长、动力、H2S 、脲酶和苯丙氨酸脱氨酶试验均为阳性，TSI 为 K/A。

C.2.6 鉴别要点

C.2.6.1 本菌属特征

血琼脂平板上菌落呈迁徙生长，SS 平板上为无色透明中心黑色或灰色、中等大小菌落；脲酶、H_2S、苯丙氨酸脱氨酶试验均为阳性。

C.2.6.2 变形杆菌种间的鉴别见附表 5。

附表 5 变形杆菌种间的鉴别

菌名	VP	H_2S	吲哚	脲酶	鸟氨酸	麦芽糖	苯丙氨酸
奇异变形杆菌	50	98	2	98	99	0	98
普通变形杆菌	0	95	98	95	0	97	99
潘氏变形杆菌	0	30	0	100	0	100	99
产黏变形杆菌	100	0	0	100	0	100	100

C.2.7 操作步骤

C.2.7.1 氧化酶试验

将滤纸片浸泡于 1% 盐酸四甲基对苯二胺试剂中制成试剂纸片，取菌涂于试剂纸上，细菌在与试剂接触 10s 内呈深紫色，则为阳性。

C.2.7.2 鉴定

从麦康凯琼脂平板上挑取可疑菌落，用微生物鉴定仪（参见《仪器操作作业指导书》）或传统生化反应进行细菌鉴定。

参考文献

李晓飞，殷安国，张媛，等. 2014. 树鼩呼肠孤病毒 RT-nPCR 检测方法的建立及初步应用. 中国比较医学杂志，24（6）：63-68.

刘丽君，余柄廷，胡凝珠，等. 2015. 树鼩粪便细菌分离培养与鉴定. 中国比较医学杂志，25（10）：64-68.

王新兴，李靖潇，王文广，等. 2011. 野生中缅树鼩病毒携带情况的初步调查. 动物学研究，32（1）66-69.

邢进，冯育芳，付瑞，等. 2012. 野生树鼩可培养细菌和真菌携带情况的调查. 实验动物科学，29（3）：34-38.

ICS 65.020.30
B 44

中国实验动物学会团体标准

T/CALAS 9—2017

实验动物　树鼩寄生虫学等级及监测

Laboratory animal - Standards and monitoring for parasitology in tree shrew

2017-05-18 发布　　2017-05-18 实施

中国实验动物学会　发布

前　　言

本标准在编写格式上符合 GB/T 1.1—2009 的规定。

本标准由全国实验动物标准化技术委员会（SAC/TC281）提出并归口。

本标准由全国实验动物标准化技术委员会组织实施。

本标准起草单位：中国医学科学院医学生物学研究所、中国食品药品检定研究院、昆明理工大学。

本标准主要起草人：孙晓梅、代解杰、贺争鸣、王文广、岳秉飞、罕园园、李娜、巩薇、夏雪山、冯育芳、陆彩霞、匡德宣、仝品芬、冯悦。

实验动物　树鼩寄生虫学等级及监测

1　范围

本标准规定了树鼩的寄生虫学等级分类、检测要求、检测程序、检测规则、检测方法、结果判定、判定结论等。

本标准适用于树鼩寄生虫学等级监测。

2　规范性引用文件

下列文件中的条文通过本标准的引用而成为本标准的条文。凡是注日期的引用文件，其随后所有的修改单（不包括勘误的内容）或修订版均不适用于本标准，然而，鼓励根据本标准达成协议的各方研究是否可使用这些文件的最新版本。凡是不注日期的引用文件，其最新版本适用于本标准。

NY/T 541 《动物疫病实验室检验采样方法》

GB 19489 《实验室生物安全通用要求》

GB/T 18448.1 《实验动物　体外寄生虫检测方法》

GB/T 18448.2 《实验动物　弓形虫检测方法》

GB/T 18448.6 《实验动物　蠕虫检测方法》

GB/T 18448.10 《实验动物　肠道鞭毛虫和纤毛虫检测方法》

3　术语和定义

下列术语和定义适用于本文件。

3.1

普通级树鼩 conventional（CV）tree shrew

经人工培育，遗传背景明确或者来源清楚，对其携带的微生物和寄生虫实行控制，不携带所规定的人兽共患病病原和烈性传染病病原，用于科学研究、教学、生产和检定以及其他科学实验的树鼩。简称普通树鼩。

3.2

无特定病原体级树鼩 specific pathogen free（SPF）tree shrew

除普通级树鼩应排除的病原外，不携带所规定的潜在感染或条件致病和对科学实验干扰大的病原的树鼩。简称无特定病原体树鼩或 SPF 树鼩。

4　树鼩等级分类

树鼩寄生虫学等级分为普通级和无特定病原体级。

5 缩略语

ELISA：酶联免疫吸附试验

IHA：间接血凝试验

ME：显微镜检查

6 检测要求

6.1 外观指标 观察有无脱毛、产生皮屑等异常现象。

6.2 寄生虫检测项目 各等级树鼩寄生虫检测项目见表 1。

表 1 各等级树鼩寄生虫检测项目

动物等级		应排除寄生虫项目	检测要求
无特定病原体级	普通级	体外寄生虫（节肢动物）Ectroparasites	●
		弓形虫 *Toxoplasma*	●
		蠕虫 Helminths	●
		肉孢子虫 *Sarcocytistupaia. sp.*	●
		鞭毛虫 Flagellates	○

●必须检测项目，要求阴性；

○必要时检测项目，要求阴性。

6.3 检测项目分类

6.3.1 必须检测项目

在进行实验树鼩质量评价时必须检测的项目，要求阴性。必须检测项目用“●”表示。

6.3.2 必要时检测项目

在引进树鼩时；怀疑有本病流行时；申请实验动物生产许可证时必须检测的项目。必要时检测项目用“○”表示。

7 检测程序

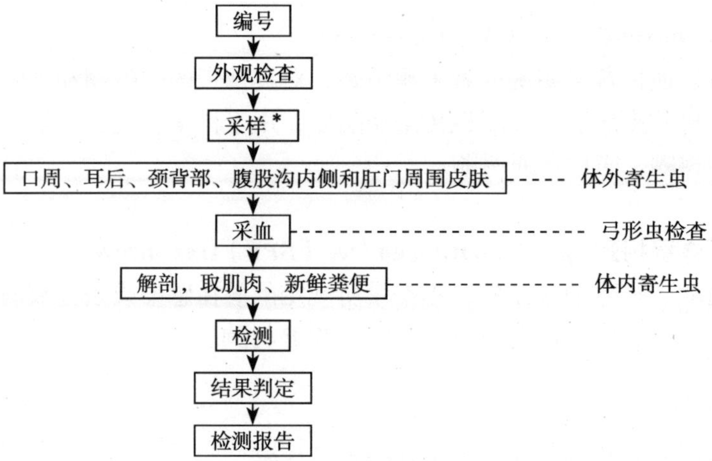

图 1 检测程序

*：结合临床症状和实验室检查结果，需要进一步确证时，可取特定样本进行检测

8　检测规则

8.1　检测频率　每三个月至少检测动物一次。

8.2　采样

8.2.1　方式

选择成年树鼩用于检测，随机取样。

8.2.2　方法

8.2.2.1　检查的树鼩应当日按寄生虫、真菌、病毒、细菌要求联合取样检查。

8.2.2.2　采样方法按照标准 NY/T 541 进行。

8.2.3　数量

根据树鼩群体大小，采样数量见表 2

表 2　采样数量

群体大小（只）	采样数量 *
＜ 100	不少于 5 只
100~500	不少于 10 只
＞ 500	不少于 15 只

* 血液不少于 1mL/ 只

8.3　送检要求　样本要求有明显标识，安全送达实验室；送检单应写明检品名称、送检时间、等级、数量、雌雄及检测项目等内容。样品的处理应符合 GB 19489 的规定。

9　检测方法

9.1　体外寄生虫按 GB/T 18448.1 的规定进行。

9.2　弓形虫按 GB/T 18448.2 的规定进行。

9.3　蠕虫按 GB/T 18448.6 的规定进行。

9.4　肉孢子虫检测：动物麻醉处死后取前腿肌、后腿肌、腹肌、背部肌、舌肌、膈肌以及脑和神经组织，压片，ME 检测肉孢子虫虫体。

9.5　鞭毛虫按 GB/T 18448.10 的规定进行。

10　结果判定

10.1　弓形虫抗体检查　经 ELISA 检测，血清抗体阴性判为合格；IHA 试验，将出现血凝“++”（即红细胞部分呈膜状沉着，周围有凝集团点，中央沉点大）时的最高稀释度定为该血凝素的效价。

10.2　体外、体内寄生虫检查　在检测的各等级动物中，经 ME 检查，未见虫体、虫卵，判为合格；凡见到虫体或虫卵，判为不合格。如有一只动物的一项指标不符合该等级标准要求，则判为动物不符合该等级标准。

11　判定结论

按照申报的等级标准，所有项目的检测结果均达到要求，判为合格。

参 考 文 献

陈玲霞，尹博文，李振宇，等 . 2015. 树鼩鞭毛虫的形态学观察及其 18S rRNA 基因分析 . 中国比较医学杂志，25（11）：5-8.

彭燕章，叶智彰，邹如金，等 . 1991. 树鼩生物学 . 昆明 . 云南科技出版社：162-163.

孙晓梅，仝品芬，匡德宣，等 .2015. 野生树鼩肠道蠕虫感染调查及分析 . 中国比较医学杂志，25（2）：15-17.

Xiang Z，Rosenthal BM，He YS，et al.2010. *Sarcocystis tupaia*，sp.nov.，a new parasite species employing tree shrews（Tupaiidae，*Tupaia belangeri chinensis*）as natural intermediate hosts.Parasitol Int，59，128-132.

ICS 65.020.30
B 44

中国实验动物学会团体标准

T/CALAS 10—2017

实验动物 树鼩环境及设施

Laboratory animal - Requirements of environment and housing facilities for tree shrew

2017-05-18 发布　　2017-05-18 实施

中国实验动物学会 发布

前　　言

本标准按照 GB/T 1.1—2009 给出的规则编制。

本标准由中国实验动物学会归口。

本标准由全国实验动物标准化技术委员会（SAC/TC281）技术审查。

本标准由中国实验动物学会实验动物标准化专业委员会提出并组织起草。

本标准起草单位：中国医学科学院医学生物学研究所、昆明理工大学。

本标准主要起草人：匡德宣、代解杰、罕园园、陆彩霞、孙晓梅、仝品芬、王文广、李娜、夏雪山、冯悦。

实验动物　树鼩环境及设施

1　范围

本标准规定了树鼩设施、工艺布局、环境条件的技术要求，饮水、笼具、产仔窝箱、动物运输的原则要求。

本标准适用于树鼩设施建设与环境条件控制。

2　规范性引用文件

下列文件对于本文件的应用是必不可少的。凡是注日期的引用文件，仅所注日期的版本适用于本文件。凡是不注日期的引用文件，其最新版本（包括所有的修改单）适用于本文件。

GB 5749—2006《生活饮用水卫生标准》

GB 8978—1996《污水综合排放标准》

GB 50052—2009《供配电系统设计规范》

GB 19489—2008《实验室生物安全通用要求》

GB 50346—2011《生物安全实验室建筑技术规范》

GB 18871—2002《电离辐射防护与辐射源安全基本标准》

GBZ 133—2009《医用放射性废物的卫生防护管理》

GB 14925—2010《实验动物　环境及设施》

DB53/T 328.5—2010《实验树鼩　第5部分：环境及设施》

3　术语及定义

下列术语和定义适用于本文件。

3.1

普通级树鼩 conventional（CV）tree shrew

经人工培育，遗传背景明确或者来源清楚，对其携带的微生物和寄生虫实行控制，不携带所规定的人兽共患病病原和烈性传染病病原，用于科学研究、教学、生产和检定以及其他科学实验的树鼩。简称普通树鼩。

3.2

无特定病原体级树鼩 specific pathogen free（SPF）tree shrew

除普通树鼩应排除的病原外，不携带所规定的潜在感染或条件致病和对科学实验干扰大的病原的树鼩。简称无特定病原体树鼩或SPF树鼩。

3.3

普通环境 conventional environment

符合实验动物居住的基本要求，不能完全控制传染因子，但能控制野生动物的进入。

3.4

屏障环境 barrier environment

符合实验动物居住的要求，严格控制人员、物品和空气的进出。

3.5

隔离环境 isolation environment

采用无菌隔离装置以保持无菌状态或无外来污染物。隔离装置内的空气、饲料、水、垫料和设备应无菌，动物和物料的动态传递须经特殊的传递系统，该系统既能保证与环境的绝对隔离，又能满足转运动物时保持内环境一致。

3.6

动物生产设施 laboratory animal production facility

用于动物生产的建筑物、设备以及运营管理在内的总和。包括生产区、辅助生产区及辅助区。

3.7

动物实验设施 animal experimental facility

以研究、试验、教学、生物制品、药品生产等为目的进行动物饲养、试验的建筑物、设备以及运营管理在内的总和。包括动物实验区、辅助实验区及辅助区。

4 设施

4.1 选址

4.1.1 宜选在环境空气质量及自然环境较好的区域。

4.1.2 宜远离有严重空气污染、振动或有噪声干扰的铁路、码头、飞机场、交通要道、工厂、贮仓、堆场等区域。

4.1.3 设施应有可靠的避免交叉感染的隔离措施。

4.1.4 动物生物安全实验室与生活区的距离应符合GB 19489—2008和GB 50346—2011的规定。

4.2 卫生要求

4.2.1 外环境整洁，便于清扫和消毒。排水畅通，无废物堆积和污水积存。

4.2.2 宜设人、动物、物品、车辆专用出入口，道路通畅，配置专用消毒设施和设备。

4.2.3 所有设施有防止野生动物进入措施。

4.2.4 设施围护结构坚固，材料无毒、无放射性。

4.2.5 生产区和实验区内墙表面应光滑平整，易于清洗、消毒。墙面应采用不易脱落、耐腐蚀、无反光、防水、耐冲击的材料。地面应防滑、耐磨、无渗漏。天花板应耐腐蚀、防水。

4.3 设施要求

4.3.1 建筑物门、窗应有良好的密闭性。

4.3.2 屏障环境设施的密闭门宜朝空气压力较高的方向开启，并方便随时关闭。

4.3.3 走廊净宽应不小于1.5m。门宽度满足设备进出和日常工作需要，净宽不小于0.8m。

4.3.4 屏障环境设施应安装压力调节装置，可根据使用需要来进行压力差的调控，有效地控制微生物污染。

4.3.5 饲养间应合理组织气流和布置送风口、排风口的位置，避免死角、断流和短路。

4.3.6　生产和实验场所的电力负荷等级，应符合 GB 50052-2009 的规定。屏障环境和隔离环境应采用不低于二级电力负荷供电。
4.3.7　屏障环境设施由非洁净区进入洁净区及洁净区内的各类管线管口，应采取可靠的密封措施。
4.3.8　排水沟、槽、管坡度应保证排水通畅，无污物积存。排水管道管径不宜小 DN150。
4.3.9　屏障环境设施应设环境监控系统，其他级别设施根据需要设置环境监控系统。

5　工艺布局

5.1　总体布局

5.1.1　应根据树鼩生理需要和行为特征，设计建造适合它们居住的设施，并能控制人员和动物进出。一般分为前区、生产 / 实验区和辅助区。
5.1.2　前区包括但不限于：办公室、接待室、档案资料室、库房、饲料室、配电室等。
5.1.3　生产区包括但不限于：隔离室、消毒室、清洁物品贮藏室、配种室、妊娠分娩和哺乳室等。屏障环境生产设施宜临近屏障设置待剖腹产妊娠室、剖腹产手术室、隔离器室等。
5.1.4　实验区包括但不限于：消毒室、清洁物品贮藏室、检疫间、隔离室、操作间、手术室、术后观察室、饲养间等。
5.1.5　辅助区包括但不限于：储藏室、洗刷消毒室、废物品存放处理间（设备）、兽医室、检测实验室、解剖室、密闭式动物尸体冷藏存放间（设备）、机械设备室、工作人员休息室、更衣室等。
5.1.6　动物实验设施应与动物生产设施分开设置。

5.2　主要区域设置要求

5.2.1　饲养间的设置要求
5.2.1.1　排水口应有防止害虫和野生动物进入措施。
5.2.1.2　根据需要，应配备适宜的饲养设备和捕捉工具。配备的设备和工具应确保牢固和不会伤害动物。
5.2.2　操作间的设置要求
5.2.2.1　宜设置综合实验室，并根据需求配备必要设备。
5.2.2.2　宜设置隔离室，用来独立饲养观察受伤和患病的动物。
5.2.2.3　实验设施应设置为新进动物提供隔离的检疫间。普通级动物的检疫间必须与动物饲养区分开设置。
5.2.2.4　实验设施可根据需要设置手术室和术后观察室。
5.2.3　辅助区的设置要求
5.2.3.1　饲料和垫料储藏室应实行环境控制，防止寄生虫污染和野生动物进入。
5.2.3.2　应设置储存笼具、仪器设备等物品的储藏室。
5.2.3.3　清洗消毒间空间应便于设备的清洗处理。清洗前后的设备应分开放置。墙壁和地板应作防水处理，设置独立排风装置，能有效排出热量和湿气。
5.2.3.4　应设置动物尸体和废物存放的专门房间和 / 或设备。
5.2.3.5　宜设置视频监视系统，用于观察动物状态。

6 环境

6.1 分类

按照空气净化的控制程度，树鼩环境分类见表 1。

表 1 树鼩环境的分类

环境分类		使用功能	适用动物等级
普通环境		生产、实验、检疫	普通级
屏障环境	正压	生产、实验、检疫	SPF 级
	负压	生物危害动物实验、检疫	普通级、SPF 级
隔离环境	正压	生产、实验、检疫	SPF 级
	负压	生物危害动物实验、检疫	普通级、SPF 级

6.2 技术指标

6.2.1 树鼩生产区环境因子指标符合表 2 的规定。

表 2 树鼩生产区环境因子指标

项目		普通环境	屏障环境	隔离环境
温度，℃		16~28	20~26	20~26
日温差，℃，≤		4*	4	
相对湿度，%		40~70		
相通区域压强梯度，pa，≥		—	10	50
气流速度，m/s，≤		—	0.2	
换气次数，次 /h，≥		8	15	15
空气洁净度，级		—	7	7
沉降菌最大平均浓度，个 /0.5h，Φ90mm 平皿		—	3	无检出
氨气浓度，mg/m^3，≤		14		
噪声，dB（A），≤		60		
照度，lx	最低工作照度，≥	200		
	动物照度	100~200		
光照周期，h		12/12 或 10/14		

注 1：表中“—”表示不作要求。

注 2：实验动物生产设施的待发室、检疫室和隔离室主要技术指标应符合表 2 的规定。

注 3：正压屏障环境的单走廊设施应保证动物生产区压力最高。正压屏障环境的双走廊或多走廊设施应保证洁净走廊的压力高于动物生产区；动物生产区压力高于污物走廊。

注 4：所有正压洁净房间对非洁净房间的静压差均应大于 10Pa。

注 5：仔树鼩饲养间或饲养区域温度宜控制在 26~30℃。树鼩产仔房的噪声宜≤ 40dB。

注 6：普通环境换气次数指标为参考指标。

注 7：除屏障环境外，辅助区的技术指标执行表 2 规定，作为参考指标。

注 8：“*”在生产设施中此项指标仅作为参考。

6.2.2　实验树鼩实验区环境因子指标符合表 3 的规定。

表 3　树鼩实验区环境因子指标

<table>
<tr><th colspan="2">项目</th><th>普通环境</th><th>屏障环境</th><th>隔离环境</th></tr>
<tr><td colspan="2">温度，℃</td><td>16~28</td><td>20~26</td><td>20~26</td></tr>
<tr><td colspan="2">日温差，℃，≤</td><td>4*</td><td colspan="2">4</td></tr>
<tr><td colspan="2">相对湿度，%</td><td colspan="3">40~70</td></tr>
<tr><td colspan="2">相通区域压强梯度，pa，≥</td><td>—</td><td>10</td><td>50</td></tr>
<tr><td colspan="2">气流速度，m/s，≤</td><td>—</td><td colspan="2">0.2</td></tr>
<tr><td colspan="2">换气次数，次/h，≥</td><td>8</td><td>15</td><td>15</td></tr>
<tr><td colspan="2">空气洁净度，级</td><td>—</td><td>7</td><td>7</td></tr>
<tr><td colspan="2">沉降菌平均浓度，个/0.5h，Φ90mm 平皿</td><td>—</td><td>3</td><td>无检出</td></tr>
<tr><td colspan="2">氨气浓度，mg/m³，≤</td><td colspan="3">14</td></tr>
<tr><td colspan="2">噪声，dB（A），≤</td><td colspan="3">60</td></tr>
<tr><td rowspan="2">照度，lx</td><td>最低工作照度，≥</td><td colspan="3">200</td></tr>
<tr><td>动物照度</td><td colspan="3">100~200</td></tr>
<tr><td colspan="2">光照周期，h</td><td colspan="3">12/12 或 10/14</td></tr>
</table>

注 1：表中“—”表示不作要求。

注 2：动物实验设施的检疫室和隔离室主要技术指标应符合表 3 的规定。

注 3：动物生物安全实验室应同时符合 GB 50346—2011 的规定。

注 4：正压屏障环境的单走廊设施应保证动物实验区压力最高。正压屏障环境的双走廊或多走廊设施应保证洁净走廊的压力高于动物实验区；动物实验区的压力高于污物走廊。

注 5：所有正压洁净房间对非洁净房间的静压差均应大于 10Pa。

注 6：负压屏障环境应保证动物实验区压力最低。生物安全实验室相邻房间的压差符合 GB 19489—2008 和 GB 50346—2011 的规定。

注 7：普通环境换气次数指标为参考指标。

注 8：除屏障环境外，辅助区的技术指标执行表 3 规定，作为参考指标。

注 9：“*”在实验设施中此项指标仅作为参考。

6.2.3　屏障环境设施主要辅助用房的技术指标应符合表 4 的规定。

表 4　屏障环境设施的辅助用房的主要技术指标

	洁物储存室	洁净走廊	污物走廊	入口缓冲间	出口缓冲间	二更	清洗消毒室	风淋室	一更
洁净度，级	7	7	7 或 8	7	7 或 8	7	—	—	—
换气次数，次/h，≥	15	15	15 或 10	15 或 10	15 或 10	15	—	—	—
相通区域的压差，Pa，≥	10	10	10	10	10	10	—	—	—

续表

	洁物储存室	洁净走廊	污物走廊	入口缓冲间	出口缓冲间	二更	清洗消毒室	风淋室	一更
温度，℃	18~28	18~28	18~28	18~28	18~28	18~28	18~28	18~28	18~28
相对湿度，%	30~70	30~70	—	—	—	—	—	—	—
噪声，dB（A），≤	60	60	60	—	—	—	—	—	—
最低照度，lx	150	150	150	150	150	150	150	100	100

7 饲养条件

7.1 饲养笼具

7.1.1 选用无毒、耐冲洗、耐高温、易消毒灭菌的材料制作饲养笼。饲养笼底板网眼或缝隙宽度宜小于 1.0cm。

7.1.2 树鼩饲育笼具实用规格

树鼩饲育笼具包括窝箱和饲养笼。窝箱尺寸须不小于 350mm × 170mm × 210mm，饲养笼尺寸须不小于 400mm × 380mm × 355mm。

7.1.3 窝箱和饲养笼，宜用 PVC 材料和不锈钢制成，易于清洁消毒。

7.1.4 窝箱和饲养笼之间的通道可以被进出门隔开，窝箱可以单独取下，当树鼩进入窝箱躲避时，关闭进出门，易于抓取动物且防止动物逃逸，保证各种动物实验的顺利进行。

7.2 食槽

7.2.1 选用无毒、耐冲洗、耐高温、易消毒灭菌的材料制作食槽。

7.2.2 食槽的大小应满足所有动物同时进食。

7.2.3 食槽口应有不锈金属封网，网眼或缝隙宽度宜小于 1.0cm。

7.3 饮水

7.3.1 普通级动物的饮水应符合 GB 5749-2006 和 DB53/T 328.5-2010 的规定。

7.3.2 SPF 级别动物的饮水应在符合 GB 5749-2006 和 DB53/T 328.5-2010 的规定的基础上，达到无菌要求。

7.3.3 群养时应该至少每个围栏提供一个饮水点，饮水嘴应使用不锈钢材料制作。

7.4 产仔窝箱 产仔窝箱应采用无毒、无害、易消毒灭菌材料制作。大小宜为 170mm × 4160mm × 200mm，宜能放入窝箱，两端开口，用 50mm 的木板挡住，有利于仔树鼩聚在一起，互相取暖，方便母树鼩哺乳和人员观察。

8 废物处理

8.1 污水处理 对独立的污水初级处理设备或化粪池。来自于动物的粪尿、笼器具洗刷用水、废弃的消毒液、实验中废弃的试液等污水，应经处理并达到 GB 8978-1996 二类一级标准要求后排放。感染动物实验室所产生的废水，应先经彻底灭菌后方可排出。

8.2 一般废物处理 废垫料应集中作无害化处理。一次性工作服、口罩、帽子、手套及实验废物等应进行无害化处理。注射针头、刀片等锐利物品应收集到利器盒中统一处理。

8.3 感染性、放射性废物处理 感染动物实验所产生的废物须先行高压灭菌后再作处理。放射性动物实验所产生放射性沾染废物应按 GB18871-2002 的规定和 GBZ 133—2009 的规定处理。

8.4 动物性废物处理 动物尸体及组织应装入专用尸体袋中存放于尸体冷藏柜或冰柜内，集中作无害化处理。感染动物实验的动物尸体及组织须经高压灭菌后传出实验室再作相应处理。

9 运输

9.1 运输笼具

9.1.1 坚固，能防止动物破坏、逃逸，笼门开启关闭方便，宜带有粪尿收集装置。符合动物健康和福利要求。适合搬运，有利于保护动物和搬运人员安全。

9.1.2 符合相应微生物控制等级要求的环境，便于清洗和消毒。

9.1.3 应用箭头标明笼具的正确摆放方式，有注明活体动物及安全防护标示。标明运输该动物的注意事项。

9.2 运输工具

9.2.1 运输工具宜配备空调等设备，保持环境的温度稳定。

9.2.2 运输工具能够保证有足够的新鲜空气和摆放运输笼具的空间，满足动物的健康、安全和舒适的需要。

9.2.3 运输工具能进行消毒。

9.2.4 长途运输（超过 6h 以上）时，应提供饮水、新鲜水果，必要时提供饲料。

10 检测

10.1 设施环境技术指标检测方法执行 GB 14925—2010 中附录 A~ 附录 I。

10.2 设备环境技术指标检测方法执行 GB 14925—2010 中附录 A~ 附录 I。检测指标包括设备内部技术指标和设备所处房间的温度、湿度和噪声。

参考文献

彭燕章，叶智彰，邹如金，等．1991．树鼩生物学．昆明：云南科技出版社，1-7.

许凌，范宇，蒋学龙，等．2013．树鼩进化分类地位的分子证据．动物学研究，34（2）：70-76.

郑永唐，姚永刚，徐林．2014．树鼩基础生物学与疾病模型．昆明：云南科技出版社．

Fan Y，Huang ZY，Cao CC，et al．2013．Genome of the Chinese tree shrew．Nat Commun，4：1426-1434.

ICS 65.020.30
B 44

中国实验动物学会团体标准

T/CALAS 11—2017

实验动物　树鼩遗传质量控制

Laboratory animal - Genetic quality control of tree shrew

2017-05-18 发布　　2017-05-18 实施

中国实验动物学会　发布

前　　言

本标准按照 GB/T 1.1—2009 给出的规则编制。

本标准由中国实验动物学会归口。

本标准由全国实验动物标准化技术委员会（SAC/TC281）技术审查。

本标准由中国实验动物学会实验动物标准化专业委员会提出并组织起草。

本标准起草单位：中国医学科学院医学生物学研究所、首都医科大学、中国食品药品检定研究院。

本标准主要起草人：王文广、代解杰、陈振文、岳秉飞、孙晓梅、冯育芳、张媛、李娜、罕园园、陆彩霞、匡德宣、仝品芬。

实验动物　树鼩遗传质量控制

1　范围

本标准规定了封闭群树鼩的命名、繁殖方法和遗传质量的检测方法。

本标准适用于封闭群树鼩的遗传质量监测。

2　规范性引用文件

GB 14923—2010 实验动物　哺乳类动物的遗传质量控制

3　术语和定义

下列术语和定义适用于本标准。

3.1

普通级树鼩 conventional（CV）tree shrew

经人工培育，遗传背景明确或者来源清楚，对其携带的微生物和寄生虫实行控制，不携带所规定的人兽共患病病原和烈性传染病病原，用于科学研究、教学、生产和检定以及其他科学实验的树鼩。简称普通树鼩。

3.2

封闭群（远交群）closed colony（outbred stock）

以非近亲交配方式进行繁殖生产的树鼩种群，在不从外部引入新个体的条件下，至少连续繁殖 4 代以上。

4　封闭群树鼩命名

封闭群由 2~4 个大写英文字母命名，种群名称前标明保持者的英文缩写名称，第一个字母需大写，后面的字母小写，一般不超过 4 个字母。保持者和种群名称之间用冒号隔开。

5　封闭群树鼩繁殖

5.1　原则　选择封闭群树鼩繁殖方法的原则是保持封闭群树鼩的遗传异质性及基因多态性，以非近亲交配方式进行繁殖，避免近交系数随繁殖代数增加而过快上升。

5.2　引种

5.2.1　作为繁殖用种子的封闭群树鼩应遗传背景明确或来源清楚，有完整的资料，包括种群名称、来源、遗传基因特点及主要生物学特性等。

5.2.2　根据繁殖方式，在保证每代近交系数增量不大于 1% 的前提下，引种树鼩数量不得少于 25 对且无血缘关系（三代以内无共同祖先）。

5.3 方法 封闭群应足够大，以保持封闭群树鼩的遗传基因的稳定，并避免近亲交配。具体繁殖方法按照 GB14923--2010 中附录 B 执行。

6 封闭群树鼩的遗传质量监测

6.1 检测方法 具体方法执行附录 A。采用树鼩 22 个具有高度多态位点作为遗传检测的微卫星 DNA 标记。

6.2 抽样 按表 1 要求从每个封闭群中随机抽取非同窝树鼩，雌雄不限。

表 1 封闭群树鼩遗传检测抽样要求

群体数量	抽样数量
少于 100 只	≥ 15 只
大于 100 只	≥ 30 只

6.3 结果判定 群体内遗传变异采用平均杂合度指标或群体平衡状态方法进行评价。当平均杂合度在 0.5~0.7 时，该封闭群树鼩群体判为合格。或用群体是否达到平衡状态来判定，如果没有达到平衡状态，该封闭群树鼩群体判为不合格。具体方法执行附录 A。

6.4 检测频率 封闭群树鼩种群每世代至少进行一次遗传质量检测。

附 录 A

（规范性附录）

封闭群树鼩的微卫星 DNA 标记检测方法

A.1 仪器设备

PCR 仪，遗传分析仪，4℃冰箱，–20℃冰箱，高速冷冻离心机，水浴锅，0.0001g 感量的分析天平，pH 计，紫外分光光度计。

A.2 基因组 DNA 的提取

用酚-氯仿萃取法或试剂盒提取树鼩基因组 DNA。

A.3 微卫星位点

用 22 个树鼩微卫星位点检测封闭群树鼩的遗传概貌。微卫星各位点的名称、引物序列、等位基因数、PCR 反应的 T_m 值见附表 1。

A.4 PCR 扩增

A.4.1 PCR 扩增的体系

PCR 总反应体积为 50μL，其中 10 × PCR buffer、dNTP、*Taq* 酶按照不同试剂盒的推荐量加入，上下游引物（100pmol/μL）各 1μL，基因组 DNA 1μL，用纯水（ddH_2O）补足体系到 50μL。

PCR 反应程序为：94℃预变性，3min；94℃变性，35s；退火温度（各位点退火温度参见表 A），40s；72℃延伸，40s；30 个循环；72℃继续延伸 5min；扩增产物 4℃保存。

A.4.2　PCR 产物的检测

PCR 产物，经 1.5% 的琼脂糖凝胶电泳以及凝胶成像系统拍照检测扩增结果。

A.4.3　扩增产物的 STR 扫描

扩增产物经过琼脂糖凝胶电泳检测确保扩增出目的片段后，选择分别以 FAM、HEX、TAMRA 标记的三个位点的扩增产物，以 1∶1.5∶1.5 体积比混合，取 1μL 上样进行 STR 扫描。

A.5　STR 扫描结果的判读与统计分析

A.5.1　STR 扫描结果的判读　扫描结果出现两种波形：一种为纯合基因型，只有一个主波；另一种为杂合基因型，有两个主波。同时，根据软件读出波峰处的扩增产物的碱基（bp）数。

由基因分型软件读出每个样本在每个微卫星位点的扩增片段大小。每个位点的等位基因根据扩增片段从小到大顺序排列记录为 a，b，c，d 等。

A.5.2　运用群体遗传分析软件对数据进行分析　将所有样本的每个微卫星位点的基因型以 ab、bb 等形式输入群体遗传分析软件的数据文件，计算样品在各微卫星位点上的基因频率、平均观察等位基因数、平均有效等位基因数（Ne）、平均杂合度（H）等。

A.6　结果判定

平均杂合度在 0.5~0.7，且期望杂合度与观测杂合度经卡方检验无明显差异时，为合格的封闭群树鼩群体。或者，首先得到各个位点上各基因频率、基因型频率的实际值，然后可计算出基因频率和基因型频率的预期值。用实际值和预期值比较，通过卡方检验，可知被监测群体是否达到平衡状态。如果没有达到平衡状态，说明群体的基因频率或基因型频率发生变化，该封闭群树鼩群体判为不合格。

A.7　结果报告

根据判定结果对被检测的封闭群树鼩群体做出检测报告。

附表 1　各微卫星座位的引物序列、最佳扩增温度、等位基因数及等位基因分布范围

位点	引物序列（5′–3′）	等位基因分布范围（bp）	等位基因数	Mg^{2+}（mmol/L）浓度	退火温度（℃）
TG4	F：TGAAAACTGGCAATTCATATGC R：CAATCCTTTTTCGTTAGTTTTGTG	134~152	4	1.5	52
TG22	F：GTGAGTGCACTTGCCCTGTA R：TCCTGAACCTGGTGGCTAAC	162~198	5	1.5	55
JS188	F：ACACACACAAAACTCATTTTATCC R：TCTACACGAATGTGCCAACC	182~190	5	1.5	57
SKTg22	F：GAGTGCACTTGCCCTGTAAC F：TCCTGAACCTGGTGGCTAAC	160~172	5	1.5	57

续表

位点	引物序列（5′-3′）	等位基因分布范围（bp）	等位基因数	Mg^{2+}（mmol/L）浓度	退火温度（℃）
TB1	F：ATCAGAATCTGGTTTCAAAGGT R：GCACACCATGATGTAGCTGT	123~129	3	1.5	56
TB6	F：AGACAGAATGCAAGAAATCAC R：ATGTGCAATGTAATAGTTCCAG	418~432	4	1.5	56
TBC15	F：ACTCAACCCGATTCCAAAC R：GAGCTTATGTGCCCAAGA	380~450	6	1.5	54
TBC16	F：AGACAGTGCTGCAATGTG R：CTCCTTTTCTTTATCATACAGT	390~440	7	1.5	53
TBC17	F：AGCAGATAATAACAAACA R：TAAACTGTAAAGGAAAGA	320~340	3	1.5	52
TBC18	F：TTTTGGTATGGATCTCCT R：AGTGAAATCAACAGCCTTC	283~291	3	1.5	52
TBC19	F：AGGGAACCAAATGAACAA R：GTCACCGAAGTCACAACC	196~208	6	1.5	53
TBC20	F：TTTAATTTGACCAGACAC R：TGGCAATATGACATAGAC	178~190	4	1.5	53
TBC21	F：AGGAAAAGGGACTTACTG R：TTGGGAATCAAATGACTATA	234~246	4	1.5	52
TBC22	F：TGGCTTATCCTACTGGTC R：CTTTGTAGTTGCTGCTTT	266~290	12	1.5	51
TBC23	F：GCTTTGTCACTTTCCTTCCCTA R：TGCGCTCGTGGCTATTTT	166~262	16	1.5	53
TBC24	F：TGGAAATAACAGCCACAA R：ACCTGCCCCAGTAATAAG	480~507	3	1.5	53
TBC25	F：TGTCTCCCTGGTCATATT R：GTGCTCTTCTCAGCGTTT	386~426	8	1.5	54
TBC26	F：CATCCCTGAATCCAAGCC R：CACCAGCAAGGTAACTCC	206~236	6	1.5	53
TBC27	F：GTTAAGGCACTGGACATT R：GTGAACCCACAAATAATCTA	220~246	3	1.5	55
TBC28	F：TGGGCTGGAAATACATAA R：GCTGTGAGACCCTGTTGG	173~191	6	1.5	54
TBC29	F：CAAATCAAAATGAGCCAAAA R：TCGGGACTCAAACTGTGG	123~127	2	1.5	53
TBC30	F：AGCCTGGGCTGGAAATAC R：GCTGTGAGACCCTGTTGG	178~194	5	1.5	53

参考文献

李婧潇，王新兴，王文广，等．2011．中缅树鼩微卫星分子标记的筛选．中国实验动物学报，19（4）：312-315．

王文广，黄晓燕，徐娟，等．2012．EV71 可感染幼龄中缅树鼩．动物学研究，（1）：7-13．

Amako Y，Tsukiyama-Kohara K，Katsume A，et al．2010．Pathogenesis of hepatitis C virus infection in Tupaia belangeri．J Virol，84（1）：303-311．

Fan Y，Huang ZY，Cao CC，et al．2013．Genome of the Chinese tree shrew．Nat Commum，4：1426．

Liu XH，Yao YG．2013．Characterization of 12 polymorphic microsatellite markers in the Chinese tree shrew（Tupaia）belangeri chinensis．Zool Res，34（2）：62-68．

Yan H，Zhong GC，Xu GW，et al．2012．Sodium taurocholate cotransporting polypeptide is a functional receptor for human hepatitis B and D virus．eLife，1：e00049．

ICS 65.020.30
B 44

中国实验动物学会团体标准

T/CALAS 12—2017

实验动物　树鼩配合饲料

Laboratory animal - Formula feeds of tree shrew

2017-05-18　发布　　　　2017-05-18　实施

中国实验动物学会　发布

前　　言

本标准按照 GB/T 1.1—2009 给出的规则编制。

本标准由中国实验动物学会归口。

本标准由全国实验动物标准化技术委员会（SAC/TC281）技术审查。

本标准由中国实验动物学会实验动物标准化专业委员会提出并组织起草。

本标准起草单位：中国医学科学院医学生物学研究所、成都达硕实验动物有限公司、昆明理工大学。

本标准主要起草人：代解杰、仝品芬、王文广、罕园园、李娜、陆彩霞、孙晓梅、匡德宣、钟浩、刘树昌、夏雪山。

实验动物　树鼩配合饲料

1　范围

本标准规定了树鼩配合饲料的质量要求、营养成分要求、营养成分测定要求、卫生要求、检测规则以及标签、包装、贮存和运输要求。

本标准适用于树鼩配合饲料的质量控制。

2　规范性引用文件

下列文件对于本文件的应用是必不可少的。凡是注日期的引用文件，仅所注日期的版本适用于本文件。凡是不注日期的引用文件，其最新版本（包括所有的修改单）适用于本文件。

GB 14924.1—2001《实验动物　配合饲料通用质量标准》

GB 14924.2—2001《实验动物　配合饲料卫生标准》

GB/T 14924.9—2001《实验动物　配合饲料常规营养成分的测定》

GB/T 14924.10—2001《实验动物　配合饲料氨基酸的测定》

GB/T 14924.11—2001《实验动物　配合饲料维生素的测定》

GB/T 14924.12—2001《实验动物　配合饲料矿物质和微量元素的测定》

3　术语与定义

下列术语与定义适用于本标准。

3.1

配合饲料 formula feeds

根据饲养树鼩的营养需要，将多种饲料原料按饲料配方经工业化生产的均匀混合物。

3.2

生长、繁殖饲料 growth and reproduction diets

适用于生长、妊娠和哺乳期树鼩的饲料。

3.3

维持饲料 maintenance diets

适用于生长、繁殖阶段以外或成年树鼩的饲料。

4　质量要求

质量要求总原则、饲料原料质量和卫生要求应符合 GB 14924.1—2001、GB 14924.2—2001 的规定。

5 营养成分要求

5.1 常规营养成分指标 树鼩配合饲料营养成分应符合表 1 的规定。

表 1 常规营养成分指标（每千克饲料含量）

指标	维持饲料	生长、繁殖饲料
水分 /g ≤	100	100
粗蛋白 /g ≥	200	250
粗脂肪 /g ≥	50	70
粗纤维 /g ≤	30	30
粗灰分 /g ≤	60	60
钙 /g	10~15	10~15
磷 /g	6~8	6~10
钙：磷，%	1.2 : 1~1.4 : 1	1.2 : 1~1.4 : 1

5.2 氨基酸指标 树鼩配合饲料的必需氨基酸指标应符合表 2 的规定。

表 2 必需氨基酸指标（每千克饲料含量）

指标	维持饲料	生长、繁殖饲料
赖氨酸 /g ≥	7.0	12
蛋氨酸 + 胱氨酸 /g ≥	6.0	7.0
精氨酸 /g ≥	9.9	12.0
组氨酸 /g ≥	4.0	4.8
色氨酸 /g ≥	2.0	2.7
苯丙氨酸 + 酪氨酸 /g ≥	13.0	15.0
苏氨酸 /g ≥	6.0	7.5
亮氨酸 /g ≥	13.0	15.0
异亮氨酸 /g ≥	7.0	8.0
缬氨酸 /g ≥	9.0	10.0

5.3 维生素指标 树鼩配合饲料维生素指标应符合表 3 的规定。

表 3 维生素指标（每千克饲料含量）

指标	维持饲料	生长、繁殖饲料
维生素 A/IU ≥	12 000	15 000
维生素 D/IU ≥	1 500	2 000
维生素 E/IU ≥	60	80
维生素 K/mg ≥	1.0	1.0
维生素 B1/mg ≥	10.0	13.0
维生素 B2/mg ≥	5.0	9.0

续表

指标	维持饲料	生长、繁殖饲料
维生素 B6/mg　≥	5.0	13.0
维生素 B12/mg　≥	0.03	0.06
烟酸 /mg　≥	50.0	60.0
泛酸 /mg　≥	13.0	40.0
叶酸 /mg　≥	0.2	2.0
生物素 /mg　≥	0.2	0.4
胆碱 /mg　≥	1300	1500

5.4　常量和微量矿物质指标　树鼩配合饲料常量和微量矿物质指标应符合表 4 的规定。

表 4　配合饲料常量和微量矿物质指标（每千克饲料含量）

指标	维持饲料	生长、繁殖饲料
镁 /mg　≥	1.0	1.5
钾 /mg　≥	7.0	9.0
钠 /mg　≥	2.0	3.0
铁 /mg　≥	220	280
锰 /mg　≥	30	50
铜 /mg　≥	8.0	10
锌 /mg　≥	50	60
碘 /mg　≥	1.6	1.8
硒 /mg	0.1~0.2	0.1~0.2

6　营养成分测定要求

树鼩配合饲料营养成分、必需氨基酸、维生素、矿物质和微量元素的测定分别按 GB/T 14924.9—2001、GB/T 14924.10—2001、GB/T 14924.11—2001 和 GB/T 14924.12—2001 的规定执行。

7　卫生要求

树鼩配合饲料卫生标准应符合 GB 14924.2—2001 的规定。无特定病原体树鼩配合饲料应进行高压消毒灭菌或辐照灭菌，以符合其特殊要求。

8　检测规则

检测规则应符合 GB 14924.1—2001 的规定。

9　标签、包装、运输、贮存要求

标签、包装、贮存和运输要求等应符合 GB 14924.1—2001 的规定。

ICS 65.020.30
B 44

中国实验动物学会团体标准

T/CALAS 13—2017

实验动物 树鼩病理学诊断规范

Laboratory animal - Specification of pathological diagnosis for tree shrew

2017-05-18 发布 2017-05-18 实施

中国实验动物学会 发布

前　　言

本标准按照 GB/T 1.1—2009 给出的规则编制。

本标准中的附录为规范性附录。

本标准由中国实验动物学会归口。

本标准由全国实验动物标准化技术委员会（SAC/TC281）技术审查。

本标准由中国实验动物学会实验动物标准化专业委员会提出并组织起草。

本标准起草单位：中国医学科学院医学生物学研究所、中国人民解放军总医院、昆明理工大学。

本标准主要起草人：匡德宣、代解杰、陈华、孙晓梅、赵玉琼、王文广、罕园园、李娜、陆彩霞、仝品芬、夏雪山。

实验动物　树鼩病理学诊断规范

1　范围

本标准规定了树鼩病理学检查的内容和方法，包括检查规则、检查程序、临床病理学检查、解剖病理学检查、结果判定和检查结论。

本标准适用于树鼩的病理学诊断。

2　规范性引用文件

DB53/T 293.1—2009《实验动物病理学检测　第1部分：实验动物处死方法》

DB53/T 293.2—2009《实验动物病理学检测　第2部分：病理剖检方法》

DB53/T 293.4—2009《实验动物病理学检测　第4部分：病理检测技术规程》

DB11/T 828.6—2011《实验用小型猪　第4部分：病理学诊断规范》

3　术语和定义

下列术语和定义适用于本文件。

3.1

普通级树鼩 conventional tree shrew

经人工培育，遗传背景明确或者来源清楚，对其携带的微生物和寄生虫实行控制，不携带所规定的人兽共患病病原和烈性传染病病原，用于科学研究、教学、生产和检定以及其他科学实验的树鼩。简称普通树鼩。

3.2

无特定病原体级树鼩 specific pathogen free tree shrew

除普通树鼩应排除的病原外，不携带所规定的潜在感染或条件致病和对科学实验干扰大的病原的树鼩。简称无特定病原体树鼩或SPF树鼩。

3.3

临床病理学 clinical pathology

用化学、微生物学、血液学和分子生物学的方法对体液（血液和尿液）和组织等进行实验室分析，从而对疾病进行诊断的医学学科。

3.4

解剖病理学 anatomical pathology

通过肉眼、显微镜、化学的、免疫学的和分子的方法对整体、器官和组织的形态进行检查而对疾病做出诊断的医学学科。

4 缩略语

4.1 血液常规指标缩略语

RBC：红细胞
PLT：血小板
WBC：白细胞
LYM：淋巴细胞
MON：单核细胞
GRAN：中性粒细胞
PCT：血小板比积
HCT：红细胞比积
MCHC：平均红细胞血红蛋白浓度
MCH：平均红细胞血红蛋白含量
MPV：平均血小板体积
HGB：血红蛋白

4.2 血液生化指标缩略语

TP：总蛋白
ALB：白蛋白
T-BIL：总胆红素
ALT：丙氨酸氨基转移酶
AST：天门冬氨酸氨基转移酶
GLU：血糖
BUN：尿素氮
CRE：肌酐
T-CHO：总胆固醇
TG：三酰甘油

5 检查规则

5.1 检查频率

普通树鼩每年至少检查一次，无特定病原体树鼩每半年至少检查一次。

5.2 抽样要求

5.2.1 方式

选择 7 月龄以上树鼩用于检测，随机抽样。

5.2.2 数量

根据树鼩群体大小，抽样数量见表 1。

表 1　抽样数量

群体大小（只）	抽样数量
＜100	不少于 10 只
100~500	不少于 20 只
＞500	不少于 30 只

6　检查程序

检查程序见图 1

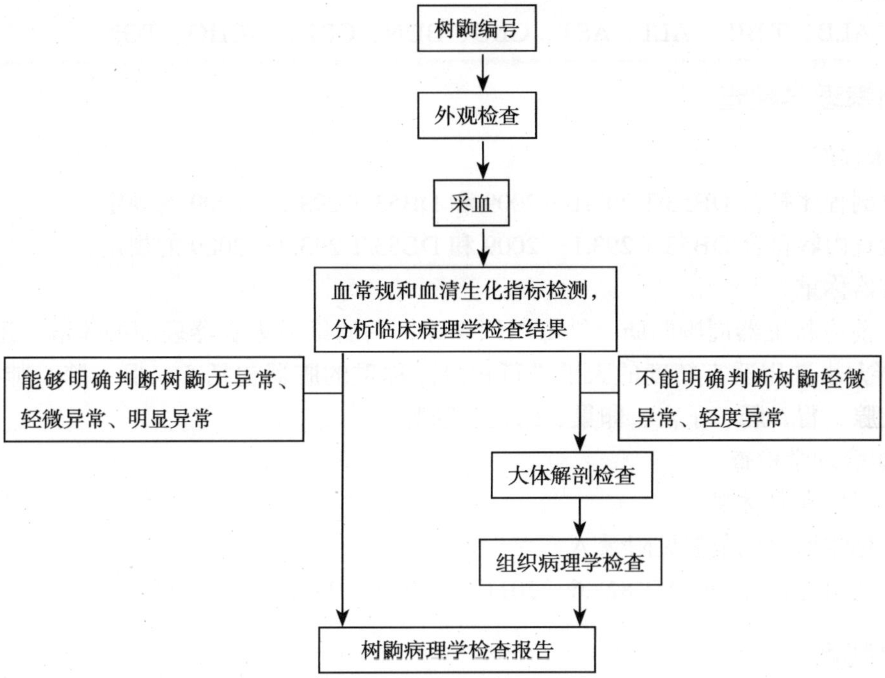

图 1　检查程序

7　临床病理学检查

7.1　外观检查

检查项目：精神状态、被毛、皮肤、天然孔、营养状况、运动状态。

7.2　血液学检查

7.2.1　采样要求

动物准备：禁食 12~20h。

采血位置：尾静脉、腹股沟静脉。

采血量：0.5mL，采用相应规格的 EDTA-K2 抗凝管。

标本储存条件：室温条件下不超过 8h。

7.2.2　检测项目

RBC、PLT、WBC、YYM、MON、GRAN、PCT、HCT、MCHC、MCH、MPV、HGB。

7.3 血液生物化学检查

7.3.1 采样要求

动物准备：禁食 12~20h。

采血位置：尾静脉、腹股沟静脉。

采血量：2.0mL。

标本处理：室温放置 30~60min，3000r/min 离心 5min，取血清用于检测。

标本储存条件：血清标本密封、避光保存，室温条件下不超过 12h，4℃条件下不超过 24h。

7.3.2 检测项目

TP、ALB、T-BIL、ALT、AST、GLU、BUN、CRE、T-CHO、TG。

8 解剖病理学检查

8.1 大体解剖

8.1.1 解剖程序符合 DB53/T 293.1—2009 和 DB53/T 293.2—2009 的规定。

8.1.2 检查内容符合 DB53/T 293.1—2009 和 DB53/T 293.2—2009 的规定。

8.1.3 脏器称重

称重前应将脏器周围脂肪、结缔组织剔除，用滤纸吸去脏器表面的体液，迅速称重。根据脏器大小选用适宜精度的天平进行称重。称重的脏器包括心、肝、脾、肺、肾、胰腺、肾上腺、胃、肠、子宫、卵巢、睾丸、脑等。

8.2 组织病理学检查

8.2.1 组织标本取材规范

组织标本取材规范参见附录 A。

8.2.2 检查内容符合 DB11/T 828.6—2011 和 DB53/T 293.4—2009 的规定。

9 结果判定

9.1 临床病理学检查结果判定

9.1.1 判定标准

临床病理学检查结果分为四个等级，分别为未见异常、轻微异常、轻度异常和明显异常，判定标准如下：

a）未见异常：树鼩外观无异常，同时血液化验指标均在正常参考值范围内。

b）轻微异常：树鼩外观无明显异常，但是血液化验指标有 1~2 项异常升高或降低，最大变异不超过正常参考值范围临界值的 20%。

c）轻度异常：

1）树鼩外观无明显异常，但是超过 2 项血液化验指标异常升高或降低，最大变异达到正常参考值范围临界值 20%~50%；

2）树鼩外观轻微或轻度异常，同时超过 2 项血液化验指标异常升高或降低，最大变异达到正常参考值范围临界值 20%~50%。

d）明显异常：

1）树鼩外观无明显异常，但是超过2项血液化验指标异常升高或降低，最大变异超过正常参考值范围临界值的50%；

2）树鼩外观轻微或轻度异常，同时超过2项血液化验指标异常升高或降低，最大变异超过正常参考值范围临界值的50%；

3）树鼩外观明显异常。

9.1.2 结果确认

临床病理学检查结果若出现异常变化需要重复检测一次。如果两次检测结果不相符，对于血液学指标需再以显微镜检测做最终判定，对于血液生物化学指标则需再做第三次检测，以其中两次一致的结果为准。如果推测为标本处理问题，应进行重复采样再次检测。

9.2 解剖病理学检查结果判定

9.2.1 判定标准

解剖病理学检查结果分为四个等级，分别为未见异常、轻微异常、轻度异常和明显异常，判定标准如下：

a）未见异常：未发现病理形态学异常变化；

b）轻微异常：发现轻微的病理形态学变化，推测树鼩仍然能够表现正常的生理功能；

c）轻度异常：发现轻度的病理形态学变化，推测树鼩正常生理功能已经出现偏差；

d）明显异常：有明显的病理形态学变化，推测树鼩出现生理功能障碍。

9.2.2 结果确认

解剖病理学检查结果需要有同行复核，检查报告要求由病理专业高级职称的技术人员签署。

10 检查结论

10.1 动物个体检查结论

普通树鼩病理学检查结果为未见异常或轻微异常或轻度异常时，判定合格；发现明显异常判定为不合格。

无特定病原体树鼩病理学检查未见异常或轻微异常时，判定合格；发现轻度异常或明显异常判定为不合格。

临床病理学与解剖病理学检查结果不一致时，依据解剖病理学检查结果做出检查结论。

10.2 动物群体检查结论

20%以上的抽检树鼩不合格时，判定该群树鼩不合格。

附 录 A

（资料性附录）

树鼩组织病理学标本取材规范

A.1 总则

A.1.1 病理标本应及时取材、及时固定，明确针对大脑等中枢神经系统的病理组织学检查，应在处死动物的同时进行固定液灌注后再取材；明确针对胃肠道组织的取材和固定应控制在动物死后 20min 以内。

A.1.2 取材部位宜选择正常与病灶交界处、病变特别明显处以及眼观变化特殊处。适量包括与病变区域毗邻的“正常”结构和坏死组织等。

A.1.3 采取的病理组织材料，要包括各器官的主要结构，如肾脏应包括皮质、髓质、肾盂黏膜及被膜。

A.1.4 取材时不得牵拉、挤压、刮抹和冲洗（胃肠内容除外）。

A.1.5 所取组织块厚度一般在 0.5~1.0cm，不宜太厚或太薄。

A.1.6 组织块放入固定液内后切忌卷曲、互相粘贴或贴靠瓶壁，食管、胃、肠、胆囊及膀胱等空腔脏器应剪开，以浆膜面平贴在硬纸上再放入固定液内固定。

A.1.7 固定液量要充足，固定液的量应为被固定标本体积的 5~10 倍。常规固定液为 4% 中性甲醛（10% 中性福尔马林）。

A.1.8 在病变组织取材之前，登记组织器官大小，质地性质及硬度，包膜的厚度和完整性以及与周围其他脏器之间的位置关系，必要时称其重量。

A.2 皮肤和皮下组织

A.2.1 皮肤

A.2.1.1 取肩背部皮肤组织和其他有病变皮肤。

A.2.1.2 取材时皮下脂肪面朝上。

A.2.1.3 若有病变，记录其大小、颜色及其他特征。

A.2.2 淋巴结

A.2.2.1 取整个淋巴结组织。

A.2.2.2 记述淋巴结的大小，与周围组织的粘连情况，剖面病理状况，必要时称其重量。

A.2.3 乳腺

A.2.3.1 沿乳头周围连同皮肤剪取乳腺组织，皮肤面朝下放在取材板上。

A.2.3.2 如果发现乳腺肿瘤，同时取乳腺淋巴结。记录肿瘤大小、切面及表面状况和乳腺淋巴结的情况。

A.2.4 睾丸和附睾

A.2.4.1 用锋利的刀将睾丸作矢状切面剖开，取组织 1 块。

A.2.4.2 沿附睾长轴纵向剖开附睾，取组织 1 块。

A.2.4.3 记录睾丸和附睾的表面和切面情况。

A.2.5 神经与肌肉

A.2.5.1 后肢外侧基部 T 形切口，剥离皮肤。股骨后侧纵形切口，查找坐骨神经。股二头肌连同坐骨神经取材 2 块。

A.2.5.2 记录肌肉和坐骨神经的情况。

A.3 腹腔脏器

A.3.1 脾脏

A.3.1.1 以 0.5~1.0cm 间距对脾作多个平行横切面，检查每块脾脏薄片的局部形态。取材 1~2 块。

A.3.1.2 记录脾脏的形态、色泽和切面的情况。

A.3.2 肾上腺

A.3.2.1 将肾上腺垂直于长轴切开，放入固定液中。

A.3.2.2 记录肾上腺的形态、色泽和切面的情况。

A.3.3 肾脏

A.3.3.1 自肾外侧缘沿长轴经肾门纵向剖开肾脏，小心剖开肾盂、肾盏和输尿管。

A.3.3.2 在肾皮质和髓质最大剖面的不同部位切取 2 块组织。若有病变，再于主要病变区域取组织 2 块，无病变区域取 2 块组织。

A.3.3.3 记录肾脏表面、皮质、髓质、肾盂和输尿管的情况。

A.3.4 肝脏

A.3.4.1 左外叶和右外叶各取 1 块（包括包膜）。

A.3.4.2 发现病灶的肝叶应沿标本长轴作垂直肝包膜的横切面，切面经过病变中心，取病变组织 2 块。

A.3.4.3 记录肝脏表面和切面情况，门脉做剖开检查。

A.3.5 胆囊

A.3.5.1 沿长轴剪开胆囊壁，取材 1 块。

A.3.5.2 记录胆囊大小、色泽，以及胆囊壁和胆汁的情况。

A.3.6 胰腺

A.3.6.1 胰腺的头、体、尾各取 1 块。

A.3.6.2 如有病变，应切出病变区域的最大截面，取 2 块。

A.3.7 胃

A.3.7.1 沿大弯剪开胃壁（病变位于大弯时沿小弯剪开），观察胃内容物的性状，用水轻轻洗净胃内容。

A.3.7.2 胃底、胃体、胃窦和十二指肠球部各取全层结构组织 1 块。有病变时（肿瘤、溃疡或胃炎），另取病变部位 1~3 块。

A.3.7.3 记录黏膜的色泽及有无异常。

A.3.8 肠道

A.3.8.1 十二指肠、空肠、回肠、盲肠、结肠和直肠各取横切全层肠组织 1 块。若发现病灶，应包括邻近的正常组织，纵向切取 2 块。

A.3.8.2 记录肠系膜、肠道浆膜面、肠壁和肠道黏膜面的情况，注意记录病变所处肠段的位置，以及肠腔内有无寄生虫或异物。

A.4 胸腔脏器

A.4.1 胸腺

A.4.1.1 左叶和右叶各取 1 块。

A.4.1.2 记录胸腺的大小、质地和有无异常。

A.4.2 肺

A.4.2.1 用手触摸标本，注意有无质地不均匀之处（如硬块、实变、囊性变、气肿或气泡等）。间隔 0.5~1.0cm 切开肺叶，左右肺叶各取 1 块，支气管断端 1 块。

A.4.2.2 若有病变，主要病变区域取 1~3 块。

A.4.2.3 记录肺表面和切面的情况，若有病灶，应记录病灶部位（肺叶、肺段）。

A.4.3 心脏

A.4.3.1 沿左纵沟左侧的切口，切至肺动脉起始处；沿左纵沟右侧的切口，切至主动脉的起始处。然后将心脏翻转过来，再沿右纵沟左右两侧作平行切口，切至心尖部与左侧心切口相连接；切口再通过房室口切至左心房及右心房。将心脏全部剖开。

A.4.3.2 左右心各取 1 块，每块组织应包括心房、瓣膜、心室壁各层结构及冠状动脉。

A.4.3.3 记录心脏纵沟、冠状沟的脂肪量，以及心外膜、心内膜和切面变化。

A.5 颈部器官

A.5.1 甲状腺

A.5.1.1 位于喉下方的气管表面，横切检查后放入固定液。

A.5.1.2 记录其大小和颜色。

A.5.2 气管

A.5.2.1 从喉的下方剪断气管，向下纵向剪开，观察黏膜表面变化。

A.5.2.2 取切开气管 1 段。如发现病变，另取病变组织 2 段。

A.5.3 唾液腺、泪腺和颌下淋巴结

A.5.3.1 观察记录其大小、色泽和质地，并切开检查。

A.5.3.2 每种组织取材 1 块，如果发现病变，再取病变组织 2 块。

A.6 盆腔器官

A.6.1 前列腺

A.6.1.1 仔细检查前列腺，整个取材。

A.6.1.2 记录前列腺有无病变情况。

A.6.2 膀胱

A.6.2.1 由膀胱的尿道口断端至膀胱底部，将膀胱壁做 Y 形剪开和展平，检查内膜。

A.6.2.2 取材 1 块，若有病变再于病变区域取材 2 块。

A.6.3 卵巢

A.6.3.1 切取每侧卵巢最大切面各 1 块。

A.6.3.2 发现卵巢肿物则切开检查，取 2 块组织。

A.6.3.3 记录卵巢的形状、是否有肿物及硬度。

A.6.4 子宫

A.6.4.1 依次剪开阴道、子宫颈、子宫体，直至左右两侧子宫角，检查内容物的性状及粘膜有无病变。取子宫体（左右角）各 1 块，如果有病变，增加取材数量。

A.6.4.2 记录子宫的大小及黏膜表面情况。

A.7 头部器官

A.7.1 脑

A.7.1.1 剖开颅腔，剪开硬脑膜、大脑镰和小脑天幕，离断颅神经根，将截断刀从枕骨大孔前侧插入孔内，尽量深入椎管，斜行离断脊髓，将大脑、小脑和脑干一同取出。进而由蝶鞍中取出垂体。

A.7.1.2 将大脑额叶面朝上置于取材板上，自额叶至枕叶每间隔约 1dm 平行切成数个额状断面，并将每片大脑断面顺序地平放于解剖板上进行检查，取材 2 块。

A.7.1.3 经小脑蚓部做水平切面或矢状切面，检查小脑实质和第四脑室。分别沿中脑、脑桥、延髓作横切面，取材 2 块。

A.7.1.4 观察和记录颅骨的完整性，硬脑膜、蛛网膜和软脑膜情况，以及脑底动脉环有无异常。大脑的体积、对称与否以及脑组织切面变化。小脑表面和切面有无异常，垂体情况。

A.7.2 眼球

A.7.2.1 以剪刀剥离眼球周围的软组织，剪断视神经，连同泪腺一同取出，至固定液中，切片取材待固定后进行。

A.7.2.2 观察记录眼球表面有无异常。

A.8 脊髓、骨及骨髓

A.8.1 脊髓

A.8.1.1 将脊髓从椎沟内分离，连同外被的硬脊膜一并取出。根据需要将脊髓切割若干横断面进行检查。取材 2 块。

A.8.1.2 记录脊髓的外表和横断面的情况。

A.8.2 骨及骨髓

A.8.2.1 剥离胸骨周围肌肉组织，剪断两侧肋软骨，取下胸骨。将胸骨截成 3 段，取中间段放入固定液中固定。

A.8.2.2 记录横断面的情况。

参考文献

彭燕章，叶智彰，邹如金，等 .1991. 树鼩生物学 . 昆明：云南科技出版社，1-7.

许凌，范宇，蒋学龙，等 . 2013. 树鼩进化分类地位的分子证据 . 动物学研究，34（2）：70-76.

郑永唐，姚永刚，徐林 . 2014. 树鼩基础生物学与疾病模型 . 昆明：云南科技出版社 .

Fan Y，Huang ZY，Cao CC，et al. 2013. Genome of the Chinese tree shrew. Nat Commun，4：1426-1434.

ICS 65.020.30
B 44

中国实验动物学会团体标准

T/CALAS 15—2017

实验动物 SPF 鸡配合饲料

Laboratory animal - SPF chicken-formula feeds

2017-05-18 发布 2017-05-18 实施

中国实验动物学会 发布

前　　言

本标准按照 GB/T 1.1—2009 给出的规则编写。

本标准由中国实验动物学会归口。

本标准由全国实验动物标准化技术委员会（SAC/TC281）技术审查。

本标准由中国实验动物学会实验动物标准化专业委员会提出并组织起草。

本标准起草单位：中国农业科学院哈尔滨兽医研究所、中国军事医学科学院实验动物中心、济南斯帕法斯家禽有限公司。

本标准主要起草人：韩凌霞、张圆圆、陈洪岩、刘源、单忠芳。

实验动物　SPF 鸡配合饲料

1　范围

本标准规定了无特定病原体鸡配合饲料的质量要求、营养成分测定要求、卫生要求、检测规则以及标签、包装、贮存和运输要求。

本标准适用于 SPF 鸡配合饲料的质量控制。

2　规范性引用文件

下列文件对于本标准的应用是必不可少的。凡是注日期的引用文件，仅所注日期的版本适用于本文件。凡是不注日期的引用文件，其最新版本（包括所有的修改单）适用于本文件。

GB/T 10647—2008 《饲料工业术语》

GB 14925—2010 《实验动物　环境及设施》

GB/T 17999.1—2008 《SPF 鸡　微生物学监测　第 1 部分：SPF 鸡　微生物学监测总则》

GB 14924.1—2001 《实验动物　配合饲料通用质量标准》

GB 13078—2001 《饲料卫生标准》

GB 13078.1—2006 《饲料卫生标准　饲料中亚硝酸盐允许量》

GB 13078.2—2006 《饲料卫生标准　饲料中赭曲霉毒素 A 和玉米赤霉烯酮的允许量》

GB 13078.3—2007 《配合饲料中脱氧雪腐镰刀菌烯醇的允许量》

GB/T 5918—2008 《饲料产品混合均匀度的测定》

GB/T 14924.9—2001 《实验动物　配合饲料　常规营养成分的测定》

GB/T 14924.10—2008 《实验动物　配合饲料　氨基酸的测定》

GB/T 14924.11—2001 《实验动物　配合饲料　维生素的测定》

GB/T 14924.12—2001 《实验动物　配合饲料　矿物质和微量元素的测定》

NY/T 1448—2007 《饲料辐照杀菌技术规范》

3　术语和定义

下列术语和定义，以及 GB/T 10647—2008 的规定适用于本标准。

无特定病原体鸡 specific pathogen free chicken

在屏障环境或隔离环境的饲养条件下，微生物学质量符合国家标准，排除特定的微生物和寄生虫的鸡。

4　饲料的质量要求

4.1　感官指标　按 GB 14924.1—2001 中的规定执行。

4.2 辐照杀菌 按 NY/T 1448—2007 中的规定执行。

5 营养成分要求

5.1 常规营养成分指标 以 0~8 周龄、9~18 周龄、19~24 周龄和 25 周龄至产蛋量下降为 5% 的 SPF 鸡分别作为育雏期、育成期、产蛋前期和产蛋高峰期，见表 1。

表 1 SPF 鸡配合饲料常规营养指标

项目（%）	育雏期	育成期	产蛋前期	产蛋高峰期
水分 ≤	12.00	12.00	12.00	12.00
代谢能（MJ/kg） ≥	11.80	11.50	11.50	11.50
粗蛋白 ≥	18.00	16.00	15.00	17.00
钙 ≥	0.90	0.80	1.80	3.00
总磷 ≥	0.60	0.60	0.50	0.50
有效磷 ≥	0.40	0.35	0.30	0.30
钠 ≥	0.15	0.12	0.15	0.15
亚油酸 ≥	2.00	2.00	1.50	1.80

5.2 氨基酸指标 氨基酸指标见表 2。

表 2 SPF 鸡配合饲料氨基酸指标（%）

项目	育雏期	育成期	产蛋前期	产蛋高峰期
赖氨酸 ≥	1.00	0.74	0.60	0.72
蛋氨酸 ≥	0.40	0.30	0.30	0.30
蛋氨酸 + 胱氨酸 ≥	0.06	0.50	0.40	0.60
精氨酸 ≥	0.80	0.80	0.80	0.80
组氨酸 ≥	0.45	0.38	0.40	0.45
苏氨酸 ≥	0.70	0.50	0.50	0.60
色氨酸 ≥	0.20	0.17	0.15	0.18
苯丙氨酸 ≥	0.90	0.70	0.80	0.80
苯丙氨酸 + 酪氨酸 ≥	1.00	0.80	1.00	1.20
缬氨酸 ≥	0.95	0.70	0.50	0.75
亮氨酸 ≥	1.50	1.60	1.50	1.50
异亮氨酸 ≥	1.00	0.60	0.60	0.80

5.3　维生素指标　配合饲料维生素指标见表3。

表3　SPF鸡配合饲料维生素指标

项目（单位）	育雏期	育成期	产蛋前期	产蛋高峰期
维生素A（IU/kg）≥	12 000	8 000	8 000	8 000
维生素D3（ICU/kg）≥	2 000	1 800	1 800	2 500
维生素E（IU/kg）≥	32.0	25.0	25.0	25.0
维生素K（mg/kg）≥	3.0	2.5	2.5	3.0
硫胺素（mg/kg）≥	3.0	3.0	2.0	2.0
核黄素（mg/kg）≥	7.5	10.0	12.0	12.0
泛酸（mg/kg）≥	12.0	15.0	15.0	15.0
烟酸（mg/kg）≥	30.0	40.0	50.0	60.0
B12（mg/kg）≥	0.010	0.030	0.015	0.015
胆碱（mg/kg）≥	1 700	1 200	1 500	2 000
生物素（mg/kg）≥	0.30	0.55	0.10	0.30
叶酸（mg/kg）≥	1.00	0.75	0.70	0.70
吡哆醇（mg/kg）≥	4.0	5.0	4.0	4.0

5.4　微量矿物元素指标　配合饲料微量矿物元素指标见表4。

表4　SPF鸡配合饲料微量矿物元素指标（mg/kg）

项目	育雏期饲料	育成期饲料	产蛋前期饲料	高峰期饲料
锰 ≥	90	90	90	90
锌 ≥	80	80	80	80
铁 ≥	60	60	60	60
铜 ≥	5	5	10	10
碘 ≥	1.0	1.0	0.9	0.9
硒 ≥	0.15	0.30	0.30	0.30

6　营养成分测定要求

饲料配合情况按照GB/T 5918—2008执行；配合饲料营养成分测定应按GB/T 14924.9—2001、GB/T 14924.10—2008、GB/T 14924.11—2001和GB/T 14924.12—2001执行。

7　卫生要求

配合饲料卫生指标应符合GB 13078—2001中的规定。SPF鸡配合饲料应符合GB 13078.1—2006、GB 13078.2—2006和GB 13078.3—2007中的规定，依据NY/T 1448—2007规定进行辐照灭菌，以符合其特殊要求。

8 检测规则

检测规则应符合 GB 14924.1—2001 中的规定。

9 标签、包装、贮存和运输要求

标签、包装、贮存和运输要求等应符合 GB 14924.1—2001 中的规定。

参考文献

李新，王桂朝．2012. SPF 鸡胚质量控制及其检测新技术．中国家禽，(19)：33.
刘畅，苗维君，薛凤君，等．2012. SPF 鸡场种蛋的品质控制．家禽科学，(5)：49-51.
单忠芳．2012. 国内 SPF 鸡蛋传疾病监测的常用方法及技术要点．中国家禽，(19)：40-41.
吴韬奋，张瑞忠，孙风萍，等. 2013. 隔离器饲育 SPF 鸡微生物质量控制方法的建立．中国比较医学杂志，(1)：27-30.

ICS 65.020.30
B 44

中国实验动物学会团体标准

T/CALAS 16—2017

实验动物 SPF鸡遗传质量控制

Laboratory animal - Population genetics quality control of SPF chicken breed

2017-05-18 发布　　2017-05-18 实施

中国实验动物学会 发布

前　言

本标准按照 GB/T 1.1—2009 给出的规则编写。

本标准中的附录 A、附录 B 为规范性附录。

本标准由中国实验动物学会归口。

本标准由全国实验动物标准化技术委员会（SAC/TC281）技术审查。

本标准由中国实验动物学会实验动物标准化专业委员会提出并组织起草。

本团体标准起草单位：中国农业科学院哈尔滨兽医研究所、中国食品药品检定研究院、北京实验动物研究中心。

本标准主要起草人：韩凌霞、陈洪岩、岳秉飞、卢胜明。

实验动物　SPF 鸡遗传质量控制

1　范围

本标准规定了 SPF 鸡的繁殖和遗传质量监测方法。

本标准适用于封闭群 SPF 鸡群和 MHC 单倍型 SPF 鸡群的遗传质量控制。

2　规范性引用文件

下列文件中的条款通过本部分的引用而成为本部分的条款。凡是注日期的引用文件，其随后所有的修改单位（不包括勘误的内容）或修订版均不适用于本部分，然而，鼓励根据本部分达成协议的各方研究可以使用这些文件的最新版本。凡是不注日期的引用文件，其最新版本适用于本部分。

GB 14923—2010 《实验动物　哺乳类动物的遗传质量控制》

GB 14925—2010 《实验动物　环境及设施》

GB/T 17999.1—2008 《SPF 鸡　微生物学监测》 第 1 部分：SPF 鸡　微生物学监测总则

3　术语和定义

下列术语和定义适用于本部分。

3.1

无特定病原体鸡 specific pathogen-free chicken

在符合国家标准 GB 14925—2010《实验动物　环境及设施》中规定的屏障环境或隔离环境的饲养条件下，微生物学质量符合国家标准 GB/T 17999.1—2008《SPF 鸡　微生物学监测》的规定的鸡群。

3.2

单倍型 haplotype

单倍体基因型的简称，在遗传学上是指在同一染色体上进行共同遗传的多个基因座上等位基因的组合，即若干个决定同一性状的紧密连锁的基因构成的基因型。

3.3

主要组织相容性复合体 major histocompatibility complex，MHC

一组紧密连锁高度多态的染色体基因群，编码重要的免疫相关细胞 MHC 抗原，广泛存在于有颌脊椎动物的有核细胞表面，与宿主的抗病性或敏感性密切相关。

3.4

杂合度 heterozygosity

样本中两个等位基因不相同的概率。期望杂合度（*H*e）主要是根据种群内当前优势等位基因的分布频率来推算，观测杂合度（*H*o）是随机抽取的两个样本的等位基因不相同的概率，即观察到的杂合子比例。

4 繁殖方法

4.1 封闭群鸡

4.1.1 封闭群实验禽繁殖的原则是尽量保持基因异质性及多态性，避免近交系数随繁殖代数增加而过快上升。

4.1.2 种鸡必须遗传背景明确或来源清楚，有较完整的资料（包括来源、品系名称、日期及主要生物学特征等）。

4.1.3 各家系之间采用最佳避免近交法、循环交配或随机交配法，每代近交系数上升不超过1%。

4.1.4 种鸡群的雄雌个体比例一般为1∶8~1∶10。

4.2 MHC单倍型鸡

4.2.1 种鸡的MHC核心区域保持单倍型纯合。

4.2.2 繁殖原则是保持MHC核心区域的基因纯合性。

4.2.3 严格以全同胞或半同胞兄妹交配方式进行繁殖。

4.2.4 雄雌个体比例一般为1∶8~1∶10。

5 遗传质量监测

5.1 封闭群鸡的检测

5.1.1 抽样

规模不大于100只的，随机抽取25个个体，雌雄不限，进行检测。规模大于100只的，随机选取15%的比例，最大不超过30只。

5.1.2 检测方法

采用微卫星分子标记检测方法。具体方法执行附录A。

5.1.3 群体评价

群体内遗传变异采用期望杂合度进行评价。

5.1.4 检测频率

封闭群鸡每个世代至少进行1次遗传质量检测

5.2 MHC单倍型鸡的检测

5.2.1 抽样

种群规模不大于100只的，按10%的比例抽样；种群规模大于100只的，按25%的比例抽样，雌雄、日龄不限。

5.2.2 检测方法

采用聚合酶链式反应（PCR）进行检测，目的片段为MHC核心区域的2个片段。具体方法执行附录B。

5.2.3 结果判断

所有样本序列与国际标准序列比对，同源性达100%，判为合格。

5.2.4　检测频率

单倍型鸡每个世代至少进行一次遗传质量检测。

5.2.5　结果判定

测序结果是 2 个拷贝基因的序列，只要存在符合附录 B 所列出的对应单倍型的标准序列，即判为该 MHC 单倍型纯合。

附　录　A

（规范性附录）

封闭群 SPF 鸡的微卫星 DNA 标记检测方法

A.1　基因组 DNA 提取

翅静脉采集柠檬酸钠抗凝血，采用常规的酚 - 氯仿抽提法提取基因组 DNA。

A.2　微卫星 DNA 标记

根据联合国粮农组织（FAO）推荐的用于鸡遗传多样分析的 15 对微卫星标记，引物进行荧光素标记，依据荧光素将所有引物分成 3 个组合，同组合内的位点可同时检测。引物信息见表 A.1。

表 A.1　封闭群 SPF 鸡遗传学检测的微卫星标记信息

组合	标记	引物序列（5′–3′）	片段大小（bp）	荧光素标记	退火温度（℃）
A	ADL0268	CTC CAC CCC TCT CAG AAC TA	112~116	FAM	60
		CAA CTT CCC ATC TAC CTA CT			
	ADL0278	CCA GCA GTC TAC CTYT CCT AT	112~122	HEX	60
		TGT CAT CCA AGA ACA GTG TG			
	LEI0094	GAT CTC ACC AGT ATG AGC TGC	246~262	FAM	58
		TCT CAC ACT GTA ACA CAG TGC			
	MCW0216	GGG TTT TAC AGG ATG GGA CG	146~148	FAM	60
		AGT TTC ACT CCC AGG GCT CG			
	MCW0248	GTT GTT CAA AAG AAG ATG CAT G	214~218	FAM	61
		TTG CAT TAA CTG GGC ACT TTC			
	MCW0069	GCA CTC GAG AAA ACT TCC TGC G	156~170	HEX	59
		ATT GCT TCAGCA AGC ATG GGA GGA			
B	MCW0081	GTT GCT GAG AGC CTG GTG CAG	114~134	FAM	58
		CCT GTA TGT GGA ATT ACT TCT C			
	MCW0222	GCA GTT ACA TTG AAA TGA TTC C	219~221	FAM	58
		TTC TCA AAA CAC CTA GAA GAC			
	MCW0295	ATC ACT ACA GAA CAC CCT CTC	88~100	FAM	62
		TAT GTA TGC ACG CAG ATA TCC			

续表

组合	标记	引物序列（5′-3′）	片段大小（bp）	荧光素标记	退火温度（℃）
	LEI0166	CTC CTG CCC TTA GCT ACG CA	345~355	FAM	60
		TAT CCC CTG GCT GGG AGT TT			
	LEI0234	ATG CAT CAG ATT GGT ATT CAA	217~299	HEX	58
		CGT GGC TGT GAA CAA ATA TG			
	MCW0037	ACC GGT GCC ATC AAT TAC CTA TTA	151~155	FAM	59
		GAA AGC TCA CAT GAC ACT GGG AAA			
	MCW0111	GCT CCA TGT GAA GTG GTT TA	99~107	FAM	55
		ATG TCC ACT TGT CAA TGA TG			
	MCW0016	ATG GCG CAG AAG GCA AAG CGA TAT	143~147	HEX	57
		TGG CTT CTG AAG CAG TTG CTA TGG			
C	LEI0258	TCGGGAAAAGATCTGAGTCATTG	206~555	FAM	58
		TGATTTTCAGATCGCGTTCCTC			

A.3 PCR 反应体系

反应程序为：95℃ 5min；94℃ 30s，50~64℃ 30s，72℃ 30s，30~35 个循环；72℃ 10min；4℃保存。PCR 反应体系见表 A.2。

表 A.2 封闭群 SPF 鸡遗传质量检测 PCR 反应体系

试剂	数量（μL）	单位
10 × buffer	1.5	1.5mmol/L
dNTP	1.2	2.5mmol/μL
Primer mix	0.25	10pmol/μL
DNA template	2	50ng/μL
Taq polymerase	0.25	2.5U/μL
ddH_2O	9.8	
共计	15	

A.4 PCR 产物的检测

用灭菌去离子水将 PCR 扩增产物适量稀释。取稀释产物 2μL 和含分子量标准的上样缓冲液 8μL 混合，95℃变性 5min，立即置于冰上。5min 后，在 ABI3130DNA 测序仪选择 Data Collection 程序，电泳，收集荧光信号，形成胶图。应用 GeneMapper 软件进行数据提取、分子量标准设定和 PCR 产物片段大小的计算，判定基因型。或者将 PCR 产物直接送商业化公司测序。

A.5 数据分析

采用 Excel Microsatellite Toolkit（version 3.1）软件计算群体内的期望杂合度（*He*），主要是根据种群内当前优势等位基因的分布频率来推算，

$$He=1-\sum_{i=1}^{n}P_i^2$$

式中 *r* 为位点数，P_i 为每个位点第 *i* 个等位基因的频率，n_i 为第 *k* 个位点的等位基因数目。

附录 B

（规范性附录）

MHC 单倍型 SPF 鸡群的 PCR 检测方法

B.1 鸡群血样基因组 DNA 的提取

常规苯酚 - 氯仿法提取基因组 DNA。

B.2 引物序列

片段（1）：2-F 5′-CCGTGGGATCCTCAGACC-3′

2-R 5′-CGGCACTGCGCCATGGAG-3′

扩增片段 384bp。

片段（2）：3-F 5′-CTGTGTTTCAGGGTCTCACAC-3′

3-R 5′-GCAGGACAAGGTCAGGATC-3′

扩增长度为 442bp。

B.3 PCR 扩增

扩增体系均为 30μL，其中模板基因组 DNA（50μg/mL）2μL，上下游引物（10pmol/μL）各 0.6μL，2×GC Buffer II（Mg^{2+} Plus）15μL，dNTP Mixture（2.5mmol/L each）3μL，LA *Taq*（2.5U/μL）0.5μL，ddH_2O 补足 30μL。

PCR 反应程序为：94℃ 5min，35 个循环（94℃ 30s，56.4℃ 30s，72℃ 30s），72℃ 7min，4℃保存。

B.4 PCR 产物的直接测序及序列分析

PCR 反应结束后，用 0.8% 的琼脂糖凝胶电泳检测，将检测合格的 PCR 产物直接测序。序列分析软件为 Chromas 2.0、MEGA 4.0 和 Lasergene DNAStar 7.0。Chromas 2.0 用于查看和编辑序列，MEGA 4.0 用于序列比对，DNAStar 7.0 用于比对序列和序列相似性分析。

B.5 不同 MHC 单倍型 SPF 鸡的标准序列

B2 单倍型

片段（1）

CGTGGGATCCTCAGACC CACACCCGCGGCTCACGGCCCCGCTGCGCTCCGTCCC
CGCAGAGCTCCATACCCTGCGGTACATCTCTACGGCGATGACGGATCCCGGCCCCGGG
CAGCCGTGGTACGTGGACGTGGGGTACGTGGACGGGGAACTCTTCACGCACTACAAC
AGCACCGCTCGGAGGGCTGTGCCCCGCACCGAGTGGATAGCGGCCAACACGGACCA
GCAGTACTGGGACAGAGAGACGCAGATCGCACAGGGCAATGAGCAGATTGACCGCG
AGAACCTGGACATACGGCAGCAGCGCCACAACCAGACCGGCGGTGAGCACGGCCGG
GGCCGCGGCTCCGTGGGTGTGGGATGGA CTCCATGGCGCAGTGCCG

片段（2）

CTGTGTTTCAGGGTCTCACAC GGCGCAGTGGATGTACGGCTGTGACATCCTCGA
GGACGGCACCATCCGGGGGTATCATCAGATGGCCTGCGATGGGAGAGACTTCATTGC
CCTCGCTGAAGACATGAAGACGTTCACTGCAGCAGTTCCAGAGGCAGTTCCCACCAA
GAGGAAATGGGAGGAAGGAGGTTATGCTGAGAGGAAGAAGCAGTACC-TGGAGGAA
ACCTGCGTGGAGGGGCTGCGGAGATACGTGGAATACGGGAAGGCTGAGCTGGGCAG
GAGAGGTGAGCAGGGT--------GGGGGGGGGGC------CGCAGTGTGGGGCTGGACGTGG
GCCGGGGGCTCAGTGTGGGGAGCTCAGCCCGGCCCTCATTGCCACCCGCCT-GCAGAG
CGGCCTGAGGTGCGAGTGTGGGGGAAGGAGGCCGACGG GATCCTGACCTTGTCCTGC

B5 单倍型鸡的标准序列

片段（1）

CCGTGGGATCCTCAGACC CCCACCCGCGGCTCACGGCCCCGCTGCGCTCCGCCCC
CGCAGAGCTCCATACCCTGCGGTACATCCATACGGCGATGACGGATCCCGGCCCCGGG
CAGCCGTGGTACGTGGACGTGGGGTATGTGGACGGGGAACTCTTCGTGCACTACAAC
AGCACCGCGCGGAGGTACGTGCCCCGCACCGAGTGGATGGCGGCCAAGGCGGACCA
GCAGTACTGGGATGAACAGACGCAGATCGCACAGGGCAATGAGCGGAGTGTGAAAG
TGAGCCTGGACACACTGCAGGAACGATACAACCAGACCGGCGGTGAGCACGGCCGG
GGCCGCGGCTCCGTGGGTGTGGGATGGG *CTCCATGGCGCAGTGCCG*

片段（2）

CTGTGTTTCAGGGTCTCACAC GGCGCAGTGGATGTACGGCTGTGACATCCTCGAG
GACGGCACCATCCGGGGGTATCATCAGGAGGCCTACGATGGGAGAGACTTCATTGCC
TTCGACAAAGGCACGATGACGTTCACTGCGGCAGTTCCAGAGGCAGTTCCCACCAA
GAGGAAATGGGAGGAAGGAGGTGTTGCTGAGGGGCGGAAGCAGTACCTGGAGGAA
ACCTGTGTGGAGTGGCTGCGGAGATACGTGGAATATGGGAAGGCTGAGCTGGGCAGG
AGAGGTGAGTGGGGTGGAGGGGGGGCCACGGTGTGGGGCTGGACATGGGGCGGGG
GCTCAGCGTGGGGATCTCAGCCCGGCCCTCACTGCCACCCGCCCGCAGAGCGGCCCG
AGGTGCGAGTGTGGGGGAAGGAGGCCGACGG *GATCCTGACCTTGTCCTGC*

B13 单倍型鸡的标准序列

片段（1）

CCGTGGGATCCTCAGACC CCCACCCGCGGCTCACGGCCCCGCTGCGCTCCGCCCC CGCAGAGCTCCATACCCTGCGGTACATCCATACGGCGATGACGGATCCCGGCCCCGGG CAGCCGTGGTACGTGGACGTGGGGTATGTGGACGGGGAACTCTTCGTGCACTACAAC AGCACCGCGCGGAGGTACGTGCCCCGCACCGAGTGGATGGCGGCCAAGGCGGACCA GCAGTACTGGGATGGACAGACGCAGATCGGACAGCGCAATGAGCGGAGTGTGAAAG TGAGCCTGGACACACTGCAGGAACGATACAACCAGACCGGCGGTGAGCACGGCCGG GGCCGCGGCTCCGTGGGTGTGGGATGGG *CTCCATGGCGCAGTGCCG*

片段（2）

CTGTGTTTCAGGGTCTCACAC GGTGCAGTGGATGTTCGGCTGTGACATCCTCGAG GATGGCACCATCCGGGGGTATCGTCAGGTGGCCTACGATGGGAAAGACTTCATTGCC TTCGACAAAGACATGAAGACGTTCACTGCGGCAGTTCCAGAGGCAGTTCCCACCAA GAGGAAATGGGAGGAAGGAGGTGTTGCTGAGGGGTGGAAGAGTTACCTGGAGGAAA CCTGCGTGGAGTGGCTGCGGAGATACGTGGAATACGGGAAGGCTGAGCTGGGCAGG AGAGGTGAGTGGGGTGGGGGGGGGGCCGCGGTGTGGGGCTGGACGTGGGGCGGGG GCTCAGCGTGGGGAGCTCAGCCCGGCCCTCATTGCCACCTGCCTGCAGAGCGGCCTG AGGTGCGAGTGTGGGGGAAGGAGGCCGACGG *GATCCTGACCTTGTCCTGC*

B15 单倍型鸡的标准序列

片段（1）

CGTGGGATCCTCAGACC CCCACCCGCGGCTCACGGCCCCGCTGCGCTCCGCCCC CGCAGAGCTCCATACCCTGCGGTACATCCATACGGCGATGACGGATCCCGGCCCCGGG CAGCCGTGGTACGTGGACGTGGGGTATGTGGACGGGGAACTCTTCGTGCACTACAAC AGCACCGCGCGGAGGTACGTGCCCCGCACCGAGTGGATGGCGGCCAAGGCGGACCA GCAGTACTGGGATGGACAGACGCAGATCGGACAGCGCAATGAGCGGAGTGTGAAAG TGAGCCTGGACACACTGCAGGAACGATACAACCAGACCGGCGGTGAGCACGGCCGG GGCCGCGGCTCCGTGGGTGTGGGATGGG CTCCATGGCGCAGTGCCG

片段（2）

CTGTGTTTCAGGGTCTCACAC GGTGCAGTGGATGTTCGGCTGTGACATCCTCGA GGATGGCACCATCCGGGGGTATCGTCAGGTGGCCTACGATGGGAAAGACTTCATTGC CTTCGACAAAGACATGAAGACGTTCACTGCGGCAGTTCCAGAGGCAGTTCCCACCA AGAGGAAATGGGAGGAAGGAGGTGTTGCTGAGGGGTGGAAGAGTTACC-TGGAGGA AACCTGCGTGGAGTGGCTGCGGAGATACGTGGAATACGGGAAGGCTGAGCTGGGCA GGAGAGGTGAGTGGGGT--------GGGGGGGGGGC------CGCGGTGTGGGGCTGGACGT GGGGCGGGGGCTCAGCGTGGGGAGCTCAGCCCGGCCCTCATTGCCACCTGCCT-GCA GAGCGGCCCGAGGTGCGAGTGTGGGGGAAGGAGGCCGACGG GATCCTGACCTTGTC CTGC

B19 单倍型鸡的标准序列

片段（1）

CCGTGGGATCCTCAGACC CCCACCCGCGGCTCACGGCCCCGCTGCGCTCCGCCC
CCGCAGAGCTCCATTCCCTGCGGTACGTCCATACGGCGATGACGGATCCCGGCCCCGG
GCTGCCGTGGTTCGTGGACGTGGGGTACGTGGACGGGGAACTCTTCGTGCACTACAA
CAGCACCGCGCGGAGGTACGTGCCCCGCACCGAGTGGATGGCGGCCAACACGGACC
AGCAGTACTGGGATGGACAGACGCAGATCGGACAGGGCAATGAGCGGAGTGTGAAA
GTGAGCTTGAACACACTGCAGGAACGATACAACCAGACCGGCGGTGAGCACGGCCG
GGGCCGCGGCTCCGTGGGTGTGGGATGGGCTCCATGGCGCAGTGCCG

片段（2）

CTGTGTTTCAGGGTCTCACAC GGTGCAGCTGATGTACGGCTGTGACATCCTCGA
GGATGGCACCATCCGGGGGTATCATCAGACAGCCTACGATGGGAGAGACTTCATTGC
CTTCGACAAAGGCACGATGACGTTCACTGCGGCAGTTCCAGAGGCAGTTCCCACCA
AGAGGAAATGGGAGGAAGGAGGTGTTGCTGAGAGGTGGAAGAGTTACC-TGGAGGA
AACCTGCGTGGAGGGGCTGCGGAGATATGTGGAATACGGGAAGGCTGAGCTGGGCA
GGAGAGGTGAGCGGGGTCGGGGTGGGGGGGGGGGG--CGGACGCAGTGTGGGGCT
GGACGTGGGGCGGGGGCTCATCGTGGGGAGCTCAGCCCGGCCCTCACTGCCGCCCAC
CC-ACAGAGCGGCCTGAGGTGCGAGTGTGGGGGAAGGAGGCTGACGG GATCCTGAC
CTTGTCCTGC

B21 单倍型鸡的标准序列

片段（1）

CCGTGGGATCCTCAGACC CCCACCCGCGGCTCACGGCCCCGCTGCGCTCCGCCC
CCGCAGAGCTCCATACCCTGCGGTACATCCATACGGCGATGACGGATCCCGGCCCCGG
GCAGCCGTGGTACGTGGACGTGGGGTATGTGGACGGGGAACTCTTCGTGCACTACAA
CAGCACCGCGCGGAGGTACGTGCCCCGCACCGAGTGGATGGCGGCCAAGGCGGACC
AGCAGTACTGGGATGGACAGACGCAGATCGGACAGCGCAATGAGCGGAGTGTGAAA
GTGAGCCTGGACACACTGCAGGAACGATACAACCAGACCGGCGGTGAGCACGGCCG
GGGCCGCGGCTCCGTGGGTGTGGGATGGG CTCCATGGCGCAGTGCCG

片段（2）

CTGTGTTTCAGGGTCTCACACGGTGCAGTGGATGTTCGGCTGTGACATCCTCGAG
GATGGCACCATCCGGGGGTATCGTCAGGTGGCCTACGATGGGAAAGACTTCATTGCC
TTCGACAAAGACATGAAGACGTTCACTGCGGCAGTTCCAGAGGCAGTTCCCACCAA
GAGGAAATGGGAGGAAGGAGGTGTTGCTGAGGGGTGGAAGAGTTACC-TGGAGGAA
ACCTGCGTGGAGTGGCTGCGGAGATACGTGGAATACGGGAAGGCTGAGCTGGGCAG
GAGAGGTGAGTGGGGTGGGGGGGGGGCCGCGGTGTGGGGCTGGACGTGGGGCGGG
GGCTCAGCGTGGGGAGCTCAGCCCGGCCCTCATTGCCACCTGCCT-GCAGAGCGGCCC
GAGGTGCGAGTGTGGGGGAAGGAGGCCGACGG GATCCTGACCTTGTCCTGC

ICS 65.020.30
B 44

中国实验动物学会团体标准

T/CALAS 17—2017

实验动物　SPF 鸭配合饲料

Laboratory animal - SPF ducks-formula feeds

2017-05-18　发布　　2017-05-18　实施

中国实验动物学会　发布

前　　言

本标准按照 GB/T 1.1—2009 给出的规则编写。

本标准由中国实验动物学会归口。

本标准由全国实验动物标准化技术委员会（SAC/TC281）技术审查。

本标准由中国实验动物学会实验动物标准化专业委员会提出并组织起草。

本标准起草单位：中国农业科学院哈尔滨兽医研究所、中国军事医学科学院实验动物中心、济南斯帕法斯家禽有限公司。

本标准主要起草人：韩凌霞、张圆圆、陈洪岩、刘源、单忠芳。

实验动物　SPF 鸭配合饲料

1　范围

本标准规定了 SPF 鸭配合饲料的质量要求、营养成分测定要求、卫生要求、检测规则以及标签、包装、贮存和运输要求。

本标准适用于 SPF 鸭配合饲料的质量控制。

2　规范性引用文件

下列文件对于本标准的应用是必不可少的。凡是注明日期的引用文件，仅注日期的版本适用于本文件。凡是不注日期的引用文件，其最新版本（包括所有的修改单）适用于本文件。

GB/T 10647—2008 《饲料工业术语》

GB 14924.1—2001 《实验动物配合饲料通用质量标准》

GB 13078—2001 《饲料卫生标准》

GB 13078.1—2006 《饲料卫生标准饲料中亚硝酸盐允许量》

GB 13078.2—2006 《饲料卫生标准　饲料中赭曲霉毒素 A 和玉米赤霉烯酮的允许量》

GB 13078.3—2007 《配合饲料中脱氧雪腐镰刀菌烯醇的允许量》

GB/T 5918—2008 《饲料产品混合均匀度的测定》

GB/T 14924.9—2001 《实验动物配合饲料常规营养成分的测定》

GB/T 14924.10—2008 《实验动物配合饲料氨基酸的测定》

GB/T 14924.11—2001 《实验动物配合饲料维生素的测定》

GB/T 14924.12—2001 《实验动物配合饲料矿物质和微量元素的测定》

NY/T 1448—2007 《饲料辐照杀菌技术规范》

3　术语和定义

下列术语和定义，以及 GB/T 10647 的规定适用于本标准。

无特定病原体鸭 specific pathogen freeducks

在屏障环境或隔离环境的饲养条件下，微生物学排除禽流感病毒、禽腺病毒Ⅲ群、新城疫病毒、鸭肠炎病毒、鸭肝炎病毒、呼肠孤病毒、禽白血病病毒、番鸭细小病毒 / 鹅细小病毒、鸭圆环病毒、鸭黄病毒和体外寄生虫的鸭。

4　饲料的质量要求

4.1　感官指标

按 GB 14924.1—2001 中的规定执行。

4.2 辐照杀菌

按 NY/T 1448—2007 的规定执行。

5 营养成分要求

5.1 常规营养成分指标

以 0~8 周龄、9~19 周龄、20~30 周龄和 31 周龄至产蛋率下降为 5% 的 SPF 鸭，分别作为育雏期、育成期、产蛋前期和产蛋高峰期。见表 1。

表 1 SPF 鸭配合饲料常规营养指标

项目（%）	育雏期	育成期	产蛋前期	产蛋高峰期
水分 ≤	12.0	12.0	12.0	12.0
代谢能（MJ/kg） ≥	11.7	10.9	11.1	11.3
粗蛋白 ≥	19.0	15.0	16.0	17.0
粗脂肪 ≥	2.5	2.5	2.5	2.5
粗灰分 ≥	7.0	7.0	10.0	10.0
钙 ≥	0.8	0.8	2.0	3.0
总磷 ≥	0.5	0.5	0.6	0.6
有效磷 ≥	0.45	0.35	0.40	0.40
钠 ≥	0.15	0.15	0.15	0.20

5.2 氨基酸指标

氨基酸指标见表 2。

表 2 SPF 鸭配合饲料氨基酸指标（%）

项目	育雏期	育成期	产蛋前期	产蛋高峰期
赖氨酸 ≥	1.0	0.8	0.8	0.8
蛋氨酸 ≥	0.40	0.35	0.35	0.42
蛋氨酸 + 胱氨酸 ≥	0.7	0.5	0.6	0.7
精氨酸 ≥	0.9	0.7	0.8	1.0
组氨酸 ≥	0.4	0.3	0.4	0.4
苏氨酸 ≥	0.6	0.4	0.6	0.6
色氨酸 ≥	0.2	0.1	0.2	0.2
苯丙氨酸 + 酪氨酸 ≥	1.4	1.0	1.4	1.4
缬氨酸 ≥	0.8	0.6	0.8	0.8
亮氨酸 ≥	1.2	1.0	1.5	1.5
异亮氨酸 ≥	0.6	0.5	0.8	0.8

5.3 维生素指标

配合饲料维生素指标见表 3。

表 3 SPF 鸭配合饲料维生素指标

项目（单位）	育雏期	育成期	产蛋前期	产蛋高峰期
维生素 A（IU/kg）≥	6000	8000	10 000	10 000
维生素 D_3（ICU/kg）≥	2500	3000	3000	3000
维生素 E（IU/kg）≥	18	12	20	25
维生素 K（mg/kg）≥	1.0	1.0	2.0	2.0
硫胺素（mg/kg）≥	3.0	3.0	3.0	3.0
核黄素（mg/kg）≥	8	8	10	15
泛酸（mg/kg）≥	10	10	20	20
烟酸（mg/kg）≥	55	35	45	45
B_{12}（mg/kg）≥	0.01	0.01	0.01	0.01
胆碱（mg/kg）≥	1500	1400	1500	1500
生物素（mg/kg）≥	0.1	0.1	0.2	0.2
叶酸（mg/kg）≥	1.0	1.0	1.0	1.0
吡哆醇（mg/kg）≥	4.0	3.0	4.0	4.0

5.4 微量矿物元素指标

配合饲料微量矿物元素指标见表 4。

表 4 SPF 鸭配合饲料微量矿物元素指标（mg/kg）

项目	育雏期	育成期	产蛋前期	产蛋高峰期
锰 ≥	80	80	100	100
锌 ≥	60	60	70	70
铁 ≥	90	90	90	90
铜 ≥	10	10	5	5
碘 ≥	0.4	0.3	0.4	0.4
硒 ≥	0.2	0.2	0.3	0.3
钴 ≥	1.0	1.0	1.0	1.0

6 营养成分测定要求

饲料配合情况按照 GB/T 5918—2008 执行；配合饲料营养成分测定应按 GB/T 14924.9—2001、GB/T 14924.10—2008、GB/T 14924.11—2001 和 GB/T 14924.12—2001 执行。

7 卫生要求

配合饲料卫生指标应符合 GB 13078—2001 中的规定，SPF 鸭配合饲料应符合 GB 13078.1—2006、GB 13078.2—2006 和 GB 13078.3—2007 中的规定，依据 NY/T 1448—

2007 规定进行辐照灭菌，以符合其特殊要求。

8 检测规则

检测规则应符合 GB 14924.1—2001 中的规定。

9 标签、包装、贮存和运输要求

标签、包装、贮存和运输要求等应符合 GB 14924.1—2001 中的规定。

参 考 文 献

韩凌霞，刘霄磊，蔡文博，等 . 2011. HBK-SPF 鸭生理生化指标的测定 . 实验动物科学，(2)：44-46.

韩凌霞，肖兵兵，牛成明，等 . 2010. HBK-SPF 鸭生化位点检测方法的建立 . 黑龙江畜牧兽医，(5)：48-49.

文力正，任文陟 . 2008. 我国禽类实验动物研究进展 . 现代农业科技，(13)：258-259，262.

ICS 65.020.30
B 44

中国实验动物学会团体标准

T/CALAS 18—2017

实验动物 SPF鸭微生物学监测总则

Laboratory animal - SPF duck - general principles for the microbiological surveillance

2017-05-18 发布 2017-05-18 实施

中国实验动物学会 发布

前　　言

本标准按照 GB/T 1.1—2009 给出的规则编写。

本标准由中国实验动物学会归口。

本标准由全国实验动物标准化技术委员会（SAC/TC281）技术审查。

本标准由中国实验动物学会实验动物标准化专业委员会提出并组织起草。

本标准起草单位：中国农业科学院哈尔滨兽医研究所、中国食品药品检定研究院。

本标准主要起草人：韩凌霞、赵丽丽、陈洪岩、贺争鸣。

实验动物　SPF 鸭微生物学监测总则

1　范围

本标准规定了 SPF 鸭的微生物学种类，及其检测程序、检测规则、结果判定和检测报告等要求。

本标准适用于 SPF 鸭和鸭胚的微生物学控制。

2　规范性引用文件

下列文件对于本标准的应用是必不可少的。凡是注明日期的引用文件，仅注日期的版本适用于本标准。凡是不注日期的引用文件，其最新版本（包括所有的修改单）适用于本文件。

GB/T 17999.8 《SPF 鸡　微生物学监测》 第 8 部分：SPF 鸡　鸡白痢沙门氏菌检验

NY/T　563 《禽霍乱（禽巴氏杆菌病）诊断技术》

NY/T 1247　禽网状内皮增生病诊断技术》

NY/T 551 《产蛋下降综合征诊断技术》

NY/T 554 《鸭病毒性肝炎诊断技术》

GB/T 22332 《鸭病毒性肠炎诊断技术》

GB/T 18936 《高致病性禽流感诊断技术》

GB/T 16550 《新城疫诊断技术》

OIE 《陆生动物卫生法典》2.7.5、2.7.9、2.7.10、2.7.11

GB19489—2008 《实验室生物安全通用要求》

3　术语和定义

3.1

无特定病原体鸭 specific pathogen free duck，SPF duck

经人工培育，遗传背景清晰，其携带的病原微生物符合本标准规定的微生物学监测要求，用于科学研究、生物制品生产和检定的无特定病原体的实验鸭。

3.2

饲养单元 raising unit

相同饲养环境下的最小鸭饲养设备，如一台隔离器、一组笼具，或一栋鸭舍。

4　检测样品

SPF 鸭血清、全血、鸭胚、咽拭子和泄殖腔拭子。

5 检测项目

SPF 鸭病原微生物监测项目，见表 1。

表 1 SPF 鸭的微生物学监测项目

序号	病原微生物	检测项目
1	沙门菌（*Salmonella*）	沙门菌感染
2	禽多杀性巴氏杆菌（*Pasteurella multocida*）	禽霍乱
3	鸭疫里氏杆菌（*Riemerella anatipestifer*）	鸭传染性浆膜炎
4	网状内皮组织增生症病毒（Reticulo endoheliosis virus）	网状内皮增生病
5	禽腺病毒Ⅲ群（Avain adenovirus Ⅲ group）	减蛋综合征
6	鸭肝炎病毒（Duck hepatitis virus）	鸭病毒性肝炎
7	鸭肠炎病毒（Duck enteritis virus）	鸭病毒性肠炎
8	禽流感病毒（Avian influenza virus）	禽流感
9	新城疫病毒（Newcastle disease virus）	新城疫

6 检测方法

6.1 肠道沙门氏菌肠道亚种伤寒-白痢血清型检测方法

按 GB/T 17999.8《SPF 鸡 微生物学监测》第 8 部分：SPF 鸡 鸡白痢沙门氏菌检验和 OIE《陆生动物卫生法典》2.7.5 方法进行检测。

6.2 多杀性巴氏杆菌检测方法

按 NY/T 563 和和 OIE《陆生动物卫生法典》2.7.11 的方法进行检测。

6.3 鸭传染性浆膜炎检测方法

按照细菌基因组提取试剂盒说明书，提取样品和对照的 DNA。以此为模板进行 PCR 反应，反应条件：94℃ 5min，94℃ 30s，52℃ 30s，72℃ 45s，30 个循环，72℃ 5min。阳性对照在 281bp 处有一条特异的 DNA 条带，阴性对照没有条带，证明本实验成立。待检样品在相同位置出现 DNA 条带，判为阳性，否则为阴性。

引物：P1：5’-GGTTTGACCCTTATGTAAG-3’（上游）

P2：5’-CAATGAAGCTGACGCTTGCC-3’（下游）

6.4 网状内皮增生症病病毒检测方法

按 NY/T 1247 的方法进行检测。

6.5 禽腺病毒Ⅲ群检测方法

按 NY/T 551 的方法进行检测。

6.6 鸭肝炎病毒检测方法

按 NY/T 554 和 OIE《陆生动物卫生法典》2.7.9 的方法进行检测。

6.7 鸭肠炎病毒检测方法

按 GB/T 22332 和 OIE《陆生动物卫生法典》2.7.10 的方法进行检测。

6.8 禽流感病毒检测方法

按 GB/T 18936 的方法进行检测。

6.9　新城疫检测方法

按 GB/T 16550 的方法进行检测。

7　监测程序

监测程序，见图 1。

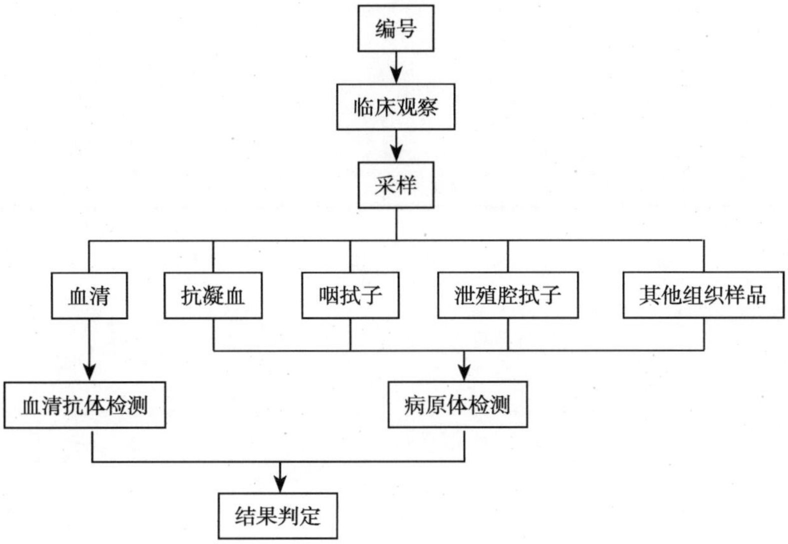

图 1　SPF 鸭微生物学监测流程图

8　检测内容

8.1　监测前的准备

对被检鸭编号。

8.2　样品采集

8.2.1　禽流感病毒监测可采集咽拭子。

8.2.2　禽流感病毒、新城疫病毒、禽腺病毒Ⅲ群、鸭疫里氏杆菌可采集血清。

8.2.3　网状内皮增生症病毒、多杀性巴氏杆菌和鸭疫里氏杆菌监测可采集全血。

8.2.4　所有病原微生物均可采集泄殖腔拭子进行抗原监测。

8.2.5　根据使用的检测方法采集相应的脏器组织。

8.2.6　监测过程涉及生物安全的，应遵循生物安全相关规定，按 GB19489 规定执行。

8.3　检测频率

8.3.1　首次检测从 4~8 周龄开始。SPF 鸭每世代至少监测 2 次。

8.3.2　对所有饲养单元的鸭进行全部项目的检测，每个饲养单元按 15% 的比例抽样。

9　结果判定

全部项目的检测结果均为阴性者，判为合格；若有 1 项（含 1 项）以上为阳性，则判为不合格。

ICS 65.020.30
B 41

中国实验动物学会团体标准

T/CALAS 19—2017

实验动物　SPF 猪遗传质量控制

Laboratory animal - Genetic monitor for SPF pig

2017-05-18　发布　　2017-05-18　实施

中国实验动物学会　发布

前　言

本标准按照 GB/T 1.1—2009 给出的规则编写。

本标准附录为规范性附录。

本标准由中国实验动物学会归口。

本标准由全国实验动物标准化技术委员会（SAC/TC281）技术审查。

本标准由中国实验动物学会实验动物标准化专业委员会提出并组织起草。

本标准起草单位：中国农业科学院哈尔滨兽医研究所、中国食品药品检定研究院。

本标准主要起草人：韩凌霞、陆涛峰、陈洪岩、岳秉飞。

实验动物　SPF 猪遗传质量控制

1　范围

本标准规定了实验动物 SPF 猪的繁殖和遗传质量控制方法。

本标准适用于实验动物 SPF 猪的遗传质量控制。

2　规范性引用文件

下列文件对于本文件的应用必不可少。凡是注日期的引用文件，仅所注日期的版本适用于本文件。凡是不注日期的引用文件，其最新版本（包括所有的修改单）适用于本文件。

GB 14923—2010 《实验动物　哺乳类动物的遗传质量控制》

3　术语和定义

本标准采用下列术语和定义。

3.1

无特定病原体猪 specific pathogen free pig

在屏障环境或隔离环境的饲养条件下，排除口蹄疫病毒 A/O、猪圆环病毒 -2 型、猪繁殖与呼吸综合征病毒、猪伪狂犬病病毒、猪瘟病毒、猪细小病毒、猪流行性腹泻病毒、猪传染性胃肠炎病毒、猪流感病毒、猪布鲁氏杆菌、猪痢疾杆菌、猪沙门氏杆菌、猪多杀性巴氏杆菌、猪链球菌 -2 型、猪皮肤病原真菌、弓形虫和体外寄生虫，遗传背景清晰，来源清楚，可以应用于科学研究、教学、生产和检定以及其他科学实验的高等级实验动物猪。SPF 猪在繁育过程中推荐按照封闭群动物的管理模式进行繁育管理。

3.2

封闭群（远交群）closed colony（outbred stock）

以非近亲交配方式进行繁殖生产的实验猪种群，在不从外部引入新个体的条件下，至少连续繁殖 4 代以上。

4　SPF 猪的繁殖

4.1　原则

SPF 猪在繁殖应按照封闭群动物的繁殖方式实施。选择封闭群猪繁殖方法的原则是保持封闭群 SPF 猪群体的遗传异质性及基因多态性，避免近交系数随繁殖代数增加而过快上升。

4.2　引种

4.2.1　作为繁殖用种子的封闭群 SPF 猪应遗传背景明确或来源清楚，有完整的资料（包括种群名称、来源、遗传基因特点及主要生物学特性等）。

4.2.2 根据繁殖方式，在保证每代近交系数增量不大于 1% 的前提下，引种数量不得少于 30 对无血缘关系（三代以内无共同祖先）的雌雄猪。

4.3 方法 封闭群应足够大，以保持封闭群 SPF 猪的遗传基因的稳定，并尽量避免近亲交配。具体繁殖方法按照 GB 14923—2010 执行。

5 封闭群 SPF 猪的遗传质量检测

5.1 检测方法

具体方法执行附录 A。采用猪 30 个具有高度多态的位点作为遗传检测的微卫星 DNA 标记。

5.2 抽样

按表 1 要求从每个封闭群中随机抽取非同窝成年 SPF 猪，雌雄各半。

表 1 封闭群 SPF 猪遗传检测抽样要求

群体数量	抽样数量
少于 100 只	≥ 15 只
大于 100 只	≥ 30 只

5.3 结果判定

群体内遗传变异采用平均杂合度指标或群体平衡状态方法进行评价。当平均杂合度在 0.5~0.7 时，且期望杂合度与观测杂合度经卡方检验无明显差异时，群体为合格的封闭群猪群体。或用群体是否达到平衡状态来判定，如果没有达到平衡状态，说明群体的基因频率或基因型频率发生变化，该封闭群猪群体判为不合格。具体方法执行附录 A。

5.4 检测频率

封闭群 SPF 猪生产群每世代至少进行一次遗传质量检测。

附录 A

（规范性附录）

封闭群 SPF 猪的微卫星 DNA 标记检测方法

A.1 基因组 DNA 的提取

用苯酚 - 氯仿法或试剂盒提取基因组 DNA。

A.2 微卫星位点

用 30 个猪微卫星位点检测封闭群猪的遗传概貌。各微卫星位点的名称、引物序列、等位基因数、PCR 反应的退火温度见附表 A。

A.3 PCR 扩增

A.3.1 PCR 扩增的体系 PCR 总反应体积为 50μL，其中 10 × PCR buffer、dNTP、*Taq* 酶

按照不同试剂盒的推荐量加入，上下游引物（100pmol/μL）各1μL，基因组DNA 1μL，用纯水（ddH_2O）补足体系到50μL。

PCR反应程序为：94℃预变性，3min；94℃变性，40s；退火（各位点退火温度参见附表1），40s；72℃延伸，40s；30个循环；72℃继续延伸5min；扩增产物4℃保存。

A.3.2　PCR产物的检测　PCR产物，经1.5%的琼脂糖凝胶电泳以及凝胶成像系统拍照检测扩增结果。

A.3.3　扩增产物的STR扫描　扩增产物经过琼脂糖凝胶电泳检测确保扩增出目的片段后，选择分别以FAM、HEX、TAMRA标记的三个位点的扩增产物，以1∶1.5∶1.5体积比混合，取1μl上样进行STR扫描。

A.4　STR扫描结果的判读与统计分析

A.4.1　STR扫描结果的判读　扫描结果出现两种波形：一种为纯合基因型，只有一个主波；另一种为杂合基因型，有两个主波。同时，根据软件读出波峰处的扩增产物的片段长度大小。

由基因分型软件读出每个样本在每个微卫星位点的扩增片段大小。每个位点的等位基因根据扩增片段从小到大顺序排列记录为a、b、c、d等。

A.4.2　运用群体遗传分析软件对数据进行统计分析　将所有样本的每个微卫星位点的基因型以ab、bb等形式输入群体遗传分析软件的数据文件，计算待测群体在各微卫星位点上的基因频率（P）、有效等位基因数（*N*e）、观测杂合度（*H*o）、期望杂合度（*H*e）和平均杂合度。

A.5　结果判定

平均杂合度在0.5~0.7时，且期望杂合度与观测杂合度经卡方检验无明显差异时，群体为合格的封闭群猪群体。或者，首先得到各个位点上各基因频率、基因型频率的实际值，然后可计算出基因频率和基因型频率的预期值。用实际值和预期值比较，通过卡方检验，可知被监测群体是否达到平衡状态。如果没有达到平衡状态，说明群体的基因频率或基因型频率发生变化，该封闭群猪群体判为不合格。

A.6　结果报告

根据判定结果对被检测的封闭群SPF猪群体做出检测报告。

附表1　各微卫星座位的引物序列、最佳扩增温度、等位基因数及等位基因分布范围

位点	引物序列（5′–3′）	等位基因分布范围（bp）	等位基因数	退火温度（℃）
S0026	AACCTTCCCTTCCCAATCAC CACAGACTGCTTTTTACTCC	156~178	1	55
S0155	TGTTCTCTGTTTCTCCTCTGTTTG AAAGTGGAAAGAGTCAATGGCTAT	116~158	1	55
S0005	TCCTTCCCTCCTGGTAACTA GCACTTCCTGATTCTGGGTA	134~168	1	55

续表

位点	引物序列（5′-3′）	等位基因分布范围（bp）	等位基因数	退火温度（℃）
Sw2410	ATTTGCCCCCAAGGTATTTC CAGGGTGTGGAGGGTAGAAG	81~119	2	50
Sw830	AAGTACCATGGAGAGGGAAATG ACATGGTTCCAAAGACCTGTG	149~173	2	50
S0355	TCTGGCTCCTACACTCCTTCTTGATG TTGGGTGGGTGCTGAAAAATAGGA	196~215	2	50
Sw24	CTTTGGGTGGAGTGTGTGC ATCCAAATGCTGCAAGCG	99~135	3	55
Sw632	TGGGTTGAAAGATTTCCCAA GGAGTCAGTACTTTGGCTTGA	115~138	3	55
Swr1941	AGAAAGCAATTTGATTTGCATAATC ACAAGGACCTACTGTATAGCACAGG	215~255	3	55
Sw936	TCTGGAGCTAGCATAAGTGCC GTGCAAGTACACATGCAGGG	134~158	4	55
S0218	GTGTAGGCTGGCGGTTGT CCCTGAAACCTAAAGCAAAG	234~256	4	55
S0228	GGCATAGGCTGGCAGCAACA AGCCCACCTCATCTTATCTACACT	93~112	4	55
Sw122	TTGTCTTTTTATTTTGCTTTTGG CAAAAAAGGCAAAAGATTGACA	220~247	5	55
Sw857	TGAGAGGTCAGTTACAGAAGACC GATCCTCCTCCAAATCCCAT	165~187	5	55
S0097	GACCTATCTAATGTCATTATAGT TTCCTCCTAGAGTTGACAAACTT	135~155	5	55
Sw240	AGAAATTAGTGCCTCAAATTGG AAACCATTAAGTCCCTAGCAAA	164~186	6	55
IGF1	GCTTGGATGGACCATGTTG CATATTTTTCTGCATAACTTGAACCT	256~294	6	55
Sw2406	AATGTCACCTTTAAGACGTGGG AATGCGAAACTCCTGAATTAGC	117~131	6	55
Sw72	ATCAGAACAGTGCGCCGT TTTGAAAATGGGGTGTTTCC	172~218	7	55
S0226	GCACTTTTAACTTTCATGATACTCC GGTTAAACTTTTNCCCCAATACA	172~198	7	55
S0090	CCAAGACTGCCTTGTAGGTGAATA GCTATCAAGTATTGTACCATTAGG	227~253	7	55
Sw2008	CAGGCCAGAGTAGCGTGC CAGTCCTCCCAAAAAATAACATG	148~170	8	55

续表

位点	引物序列（5′-3′）	等位基因分布范围（bp）	等位基因数	退火温度（℃）
Sw1067	TGCTGGCCAGTGACTCTG CCGGGGGATTAAACAAAAAG	126~160	8	55
S0101	GAATGCAAAGAGTTCAGTGTAGG GTCTCCCTCACACTTACCGCAG	200~210	8	55
Sw1828	AATGCATTGTCTTCATTCAACC TTAACCGGGGCACTTGTG	100~104	9	55
S0143	ACTCACAGCTTGTCCTGGGTGT CAGTCAGCAGGCTGACAAAAAC	261~289	9	55
S0068	AGTGGTCTCTCTCCCTCTTGCT CCTTCAACCTTTGAGCAAGAAC	118~200	9	55
S0178	TAGCCTGGGAACCTCCACACGCTG GGCACCAGGAATCTGCAATCCAGT	160~196	10	60
Sw911	CTCAGTTCTTTGGGACTGAACC CATCTGTGGAAAAAAAAAGCC	217~255	10	60
S0002	GAAGCCAAAGAGACAACTGC GTTCTTTACCCACTGAGCCA	195~229	10	60

参考文献

包劲松，舒庆尧，吴殿星，等．2000．水稻 *Wx* 基因（CT）$_n$ 微卫星标记与稻米淀粉品质的关系研究．农业生物技术学报，8（3）：241-244.

樊斌，彭中镇，李奎，等．1999．微卫星标记及其在猪遗传育种中的应用．河北农业大学学报，33（2）：161-164.

巩元芳，段玲欣，倪静，等．2012．长白猪微卫星标记的遗传多样性．河北科技师范学院学报，4（4）：1672-7983.

刘永祥，刘艳丽，朱宽佑，等．2008．小尾寒羊微卫星标记的多态性及其与繁殖性能的相关性研究．安徽农业科学，36（6）：2233-2234.

潘晚平，申祥科，邱汉华，等．2003．美系长白猪“大白猪”杜洛克猪新品系的选育研究．养猪，5：23-24.

钱林东，张自芳，田应华，等．2010．利用微卫星 DNA 标记进行黄牛的亲子鉴定．云南农业大学学报，25（1）：69-73.

吴继法，吴登俊．2001．微卫星 DNA 在家畜亲子鉴定中的应用及研究进展．国外畜牧科技，28（5）：28-30.

杨彤彤，赵族，张婷婷，等．2008．大约克和二花脸猪 5 个微卫星座位多态性分析．畜牧与兽医，40（9）：34-37.

张春雷，佟广香，匡友谊，等．2010．哲罗鱼微卫星亲子鉴定的应用．动物学研究，31（4）：395-400.

张德福，戴建军，吴彩凤，等．2009．小型猪实验动物化研究现状及其应用前景．猪业科学，3：74-76.

赵振华，贾青，墨锋涛，等．2007．杜洛克、长白和大约克夏纯种猪微卫星多态性分析．江苏农业学报，

23（2）：103-108.

Drew TW. 2011. The emergence and evolution of swine viral diseases : to what extent have husbandry systems and global trade contributed to their distribution and diversity? Rev Sci Tech，30（1），95-106.

FAO. 2011. Molecular genetic characterization of animal genetic resources，Commission on genetic resources for food and agriculture.

Li KY，Li KT，Cheng CC，et al. 2015. A genetic analysis of taoyuan pig and its phylogenetic relationship to Eurasian pig breeds. Asian-Australas Anim Sci，28（4）：457-466.

Lunney JK，Ho CS，Wysocki M，et al. 2009. Molecular genetics of the swine major histocompatibility complex，the SLA complex. Dev Comp Immunol，33：362-374.

Molina RM，Cha SH，Chittick S，et al. 2008. Immune response against porcine reproductive and respiratory syndrome virus during acute and chronic infection. Vet Immunol Immunopathol，126：283-292.

Raymond M，Rousset F. 1995. GENEPOP（version 1.2）：population genetics software for exact tests and ecumenicism. Heredity，86：248-249.

Smith DM，Martens GW，Ho CS，et al. 2005. Asbury JM. DNA sequence based typing of swine leukocyte antigens in Yucatan Miniature Pigs. Xenotransplantation，12：481-488.

Weir BS，Cockerham CC. 1984. Estimating F-statistics for the analysis of population structure. Evolution，38：1358-1370.

第四篇

实验动物检测方法系列标准

ICS 65.020.30
B 44

中国实验动物学会团体标准

T/CALAS 14—2017

实验动物　SPF 鸭 I 型鸭病毒性肝炎检测方法

Laboratory animal - Detection method for duck virus hepatitis type I of SPF ducks

2017-05-18　发布　　　2017-05-18　实施

中国实验动物学会　发布

前　　言

本标准按照 GB/T 1.1—2009 给出的规则编写。

本标准由中国实验动物学会归口。

本标准由全国实验动物标准化技术委员会（SAC/TC281）技术审查。

本标准由中国实验动物学会实验动物标准化专业委员会提出并组织起草。

本标准起草单位：中国农业科学院哈尔滨兽医研究所、中国食品药品检定研究院。

本标准主要起草人：韩凌霞、赵丽丽、陈洪岩、贺争鸣。

实验动物 SPF 鸭 I 型鸭病毒性肝炎检测方法

1 范围

本标准规定了实验动物 SPF 鸭 I 型鸭病毒性肝炎的雏鸭接种 / 保护试验、鸭（鸡）胚接种 / 中和试验和 RT-PCR 试验的技术要求。

本标准适用于实验动物 SPF 鸭 I 型鸭病毒性肝炎的诊断及检测。

2 规范性引用文件

下列文件对于本标准的应用是必不可少的。凡是注明日期的引用文件，仅注日期的版本适用于本标准。凡是不注日期的引用文件，其最新版本（包括所有的修改单）适用于本文件。

NY/T554—2002 《鸭病毒性肝炎诊断技术》

OIE《陆生动物诊断试验和疫苗手册》2.7.9

GB19489—2008 《实验室生物安全通用要求》

3 术语和定义

I 型鸭病毒性肝炎 duck virus hepatitis，DVH

由 I 型鸭肝炎病毒引起雏鸭的一种急性、高度致死性的疾病，以肝炎为其主要特征。主要侵害 3 周龄以内的雏鸭，死亡率高达 90%，是危害养鸭业最为主要的传染病之一。

4 材料准备

4.1.1 研钵或平皿，玻璃匀浆器。

4.1.2 1mL 和 5mL 注射器及针头。

4.1.3 0.22μm 微孔滤膜。

4.1.4 离心管、手术剪刀和手术镊子。

4.1.5 0.85% 生理盐水：在使用前加入青霉素和链霉素，使其最终浓度分别为 2000IU/mL 和 2000μg/mL。

4.1.6 DHV-I 高免血清，或 DHV-I 特异性卵黄抗体。

4.1.7 1~7 日龄易感 SPF 雏鸭；含 DHV-I 型母源抗体的雏鸭；SPF 鸭胚或 SPF 鸡胚。

4.1.8 病料处理

a）在无菌室内超净台上无菌采取数例病鸭的肝脏组织 10g，于研钵或平皿中剪碎，用玻璃匀浆器制备组织匀浆，按 1∶10（*m*/*V*）加入生理盐水。将匀浆液移至离心管中，3000r/min 离心 10min。弃去上层脂肪，抽取中间清亮液体，再经过 0.22μm 的灭菌微孔滤膜过滤，收集滤液，作为病料样品直接接种；或于 –20℃保存待检，保存期不超过 12 个月。

b）涉及生物安全的操作，遵循生物安全相关规定，按《实验室生物安全通用要求》规定执行。

5 病原学检测试验（用下列一种或多种方法鉴定）

5.1 把待检物皮下或肌肉接种的1~7日龄易感SPF雏鸭，出现特征性的临床症状，于接毒后18~48h出现死亡，通常在24h内死亡。剖检可见病变主要发生在肝脏，肝脏肿大、有点状或斑状出血，也可能伴有明显的脾肿大、肾肿胀和肾血管出血。肝脏显微病变的特点是肝细胞广泛坏死和胆管增生，不同程度的细胞炎性反应和出血。

5.2 将待检物作系列稀释后，接种于10~14日龄SPF鸭胚或8~10日龄SPF鸡胚的尿囊腔内。鸭胚于24~72h后死亡。鸡胚通常在接种后5~8天发生死亡。胚胎的眼观病变为发育阻滞，全身皮下出血，伴有腹部和后肢部的严重水肿。胚肝呈红黄色肿胀并有坏死灶。死亡时间较长的胚胎中，尿囊液明显变绿，肝脏病变和发育阻滞会更明显。

5.3 将待检物接种于敏感的原代鸭胚肝细胞（DEL），引起的典型细胞病变为细胞变圆坏死，形成直径为1mm的蚀斑。

6 免疫学检测试验

采用下列一种或多种方法：

6.1 用1~2mL特异性高免血清或特异性卵黄抗体，皮下接种易感的1~7日龄雏鸭进行被动免疫。24h后，用至少$10^{3.0}$ LD_{50}的病毒分离物经肌肉或皮下接种攻毒。未免疫对照组雏鸭同样攻毒。如被动免疫的鸭80%~100%存活而对照鸭80%~100%死亡，即可证明分离毒为DHV-I型。

6.2 用至少$10^{3.0}$ LD_{50}的病毒分离物肌肉或皮下注射易感的1~7日龄雏鸭和含DHV-I型母源抗体的雏鸭，如易感鸭80%~100%死亡，而含母源抗体的雏鸭有80%~100%存活，即可证明分离毒为DHV-I型。

7 RT-PCR检测方法

7.1 引物

P1：5’-AGCTTAAGGCCCGGTGCCCCGTTCT-3’（上游）

P2：5’-GGTAGGGTAGGGAATAGTAAAGTAA-3’（下游）

7.2 样品的处理

组织样品用pH 7.2~7.6的PBS稀释5~10倍，3000r/min 4℃离心30min，上清液作为待检材料。

每次检测设立阳性对照和阴性对照。

阳性对照为接种了DHV-I 72~96h的SPF鸭胚（或鸡胚）尿囊液；阴性对照为健康SPF鸭（或鸡）胚尿囊液。

7.3 RNA提取

按照RNA提取试剂盒说明书，提取样品和对照的RNA。提取的RNA应立即进行检测，否则应于超低温保存。

7.4 RT-PCR 反应

按照一步法 RT-PCR 试剂盒说明书，配制 RT-PCR 反应体系，设定反应条件。第一步 RT；第二步灭活反转录酶；第三步 PCR，反应条件：45℃ 15~30min，94℃ 2~5min，94℃ 30s，58℃ 45s，72℃ 45s，35 个循环，72℃ 5min。

7.5 PCR 产物检测

反应结束后，PCR 产物于 1.2% 的琼脂糖凝胶中电泳。每个样品的加样量为 5~10μL，同时以 DNA 分子质量标准物为参照。50V 恒压电泳 40min，置紫外灯下观察。

7.6 结果判定

阳性对照在 399bp 处有一条特异的 DNA 条带，阴性对照没有条带，证明本实验成立。待检样品在相同位置出现 DNA 条带，判为阳性，否则为阴性。

ICS 65.020.30
B 44

中国实验动物学会团体标准

T/CALAS 20—2017

实验动物　牛棒状杆菌检测方法

Laboratory animal - Method for examination of *Corynebacterium bovis*

2017-05-18 发布　　　　2017-05-18 实施

中国实验动物学会　发布

前　　言

本标准按照 GB/T 1.1—2009 给出的规则编写。

本标准附录为资料性附录。

本标准由中国实验动物学会归口。

本标准由全国实验动物标准化技术委员会（SAC/TC281）技术审查。

本标准由中国实验动物学会实验动物标准化专业委员会提出并组织起草。

本标准起草单位：中国食品药品检定研究院。

本标准主要起草人：邢进、冯育芳、岳秉飞。

实验动物　牛棒状杆菌检测方法

1　范围

本标准规定了实验动物牛棒状杆菌的检测方法。

本标准适用于小鼠和大鼠中牛棒状杆菌的检测。

2　规范性引用文件

下列标准所包含的条文，通过在本标准中引用而构成为本标准的条文。本标准出版时，所示版本均为有效。所有标准都会被修订，使用本标准的各方应探讨使用系列标准最新版本的可能性。

GB/T 14926.42 《实验动物　细菌学检测　标本采集》

GB/T 14926.43 《实验动物　细菌学检测　染色法、培养基和试剂》

GB 19489 《实验室　生物安全通用要求》

3　基本原理

牛棒状杆菌为革兰氏阳性小杆菌，主要感染免疫缺陷小鼠的皮肤，可寄居于感染小鼠的口腔和消化道。牛棒状杆菌在营养琼脂和血琼脂上均可生长，可形成灰白色的特征性菌落。利用其与其他棒状杆菌的生化反应区别，可以进行鉴定。与牛棒状杆菌免疫血清能够形成特异性凝集。

细菌的 16SrRNA V3 区具有高度的差异性，根据此段序列可以区分不同的菌株。据此片段设计实时荧光 PCR（qPCR）引物和探针，可对皮肤、口腔、肠内容物或粪便进行 qPCR 检测。

qPCR 方法通过两条标记荧光发射基团和荧光淬灭基团的引物对牛棒状杆菌 16SrDNA 的 V3 区进行扩增，当完整的探针与目标序列配对时，荧光基团发射的荧光因与 3’端的淬灭剂接近而被淬灭。但在进行延伸反应时，聚合酶的 5’外切酶活性将探针进行酶切，使得荧光基团与淬灭剂分离。所发出的荧光信号可以被荧光定量 PCR 仪所记录捕捉。随着扩增循环数的增加，释放出来的荧光基团不断积累，荧光强度与扩增产物的数量呈正比关系。

4　主要设备和材料

4.1　生物安全柜

4.2　高速冷冻离心机

4.3　荧光定量 PCR 仪

4.4　移液器（200μL、10μL）

4.5　100μL 荧光定量 PCR 管

5 培养基和试剂

5.1 血琼脂

5.2 生化试剂：葡萄糖、硝酸盐、尿素、七叶苷、麦芽糖、甘露糖、蔗糖、木糖、环磷酸腺苷、氧化酶、吡嗪酰胺酶、碱性磷酸酶。

5.3 牛棒状杆菌 DNA

5.4 细菌基因组 DNA 提取试剂：裂解缓冲液，Tris 饱和酚，异丙醇、无水乙醇、氯仿、异戊醇（分析纯），醋酸钠（3mol/L）、TE 缓冲液。

5.5 牛棒状杆菌质粒标准品序列

CCTACGGGAGGCAGCAGTGGGGAATATTGCACAATGGGCGCAAGCCTGATGCAGCGACGCCGCGTGGGGGATGACGGCCTTCGGGTTGTAAACCCCTTTCGGCAGGGACGAAGCTTTTGTGACGGTACCTGCATAAGAAGCACCGGCTAA-CTACGTGCCAGCAGCCGCGGTAAT

根据以上序列人工合成标准品，制成 1×10^3~1×10^8copies/μL 的 6 个系列稀释浓度备用。

5.6 引物和探针

引物	引物序列（5′–3′）	序列位置（ATCC 7715 的 16SrRNA 序列）	扩增子大小（bp）
上游引物 Cb-F	CGGCAGGGACGAAGCTT（序列表中 SEQ ID NO：1）	3591~3615	60
下游引物 Cb-R	CACGTAGTTAGCCGGTGCTTCT（序列表中 SEQ ID NO：2）	3687~3665	
TaqMan MGB 探针	FAM- TGTGACGGTACCTGCAT -MGBNFQ（序列表中 SEQ ID NO：3）	3634~3658	

5.7 qPCR 反应液：TaqMan Mix（TaqMan Gene Expression Master Mix 4369016）

6 检测程序

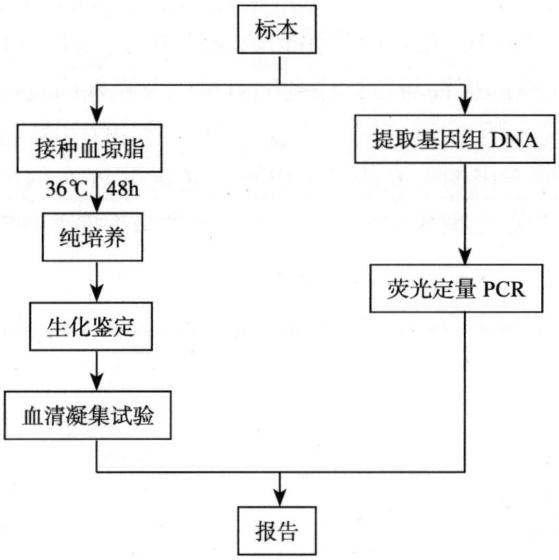

7 操作步骤

7.1 采样

采取皮肤、呼吸道分泌物、肠内容物、粪便或病灶分泌物。

7.2 分离培养法

7.2.1 无菌操作，用接种针取呼吸道分泌物，棉拭子蘸取皮屑，分别画线接种哥伦比亚血琼脂平皿，36℃培养 48h；牛棒状杆菌在血琼脂上形成 1mm 左右、白色、凸起、无光泽、涂片不易乳化、不溶血的菌落。

7.2.2 革兰氏染色阳性，成棒槌状或微弯曲，排列不规则，可散在或成对或成“V”形或呈栅栏状排列小杆菌。

7.2.3 生化鉴定

代谢类型为发酵型，酯酶阳性，硝酸盐还原试验阳性，尿素酶阴性，七叶苷阴性，吡嗪酰胺酶阴性，碱性磷酸酶阳性，分解葡萄糖，麦芽糖、甘露醇、蔗糖、木糖阴性，CAMP 反应阴性。

7.2.4 血清玻片凝集试验阳性。

7.3 实时荧光 PCR 法

DNA 提取：①直接提取样品 DNA 时，取 7.1 所述样品适量，约 10~200mg；②对样品分离培养，获得菌落时，将待检菌制成约 10^4 个菌 /mL 浓度的菌液；

加入 500μL 裂解缓冲液，60℃水浴 30min; 加入等体积（500μL）Tris 饱和酚，充分震荡；12 000r/min 离心 5min；吸上清加入等体积（500μL）氯仿 / 异戊醇（24∶1）；12 000r/min 离心 5min；吸上清加入 0.1 倍体积 3mol/L 醋酸钠和 0.6 倍体积异丙醇，轻柔颠倒混匀；12 000r/min 离心 10min；弃上清，加入 70% 乙醇 1mL，轻柔颠倒 2~3 次；12 000r/min 离心 10min；弃上清，干燥 15min；用 50 μL 灭菌 TE 或去离子水溶解，–20℃冻存待检。如采用商品化试剂盒则根据试剂盒操作说明进行。

7.4 检测反应体系

7.4.1 20μL，依次加入下列成分：无 DNA、RNA 酶水 7.75μL，2 × TaqMan Mix 10μL，上游引物 0.5μL（10μmol/L），下游引物 0.5μL（10 μmol/L），TaqMan MGB 探针 0.25 μL（10 μmol/L），样本 DNA 1 μL。各试剂体积根据总样本量进行相应倍数的增加。设置牛棒状杆菌阳性 DNA 对照，和空白阴性对照各 1 管。

7.4.2 反应条件：50℃ 2min；95℃ 10min；95℃ 15s，60℃ 1min，40 个循环。

7.5 涉及生物安全的操作，按 GB19489 规定执行。

8 结果报告

8.1 分离培养法 如有可疑牛棒状杆菌生长，且生化反应符合牛棒状杆菌特征，判为牛棒状杆菌阳性，否则判为阴性。

8.2 荧光定量 PCR 方法

8.2.1 在阴性对照 Ct 值≥ 32，阳性对照 Ct 值≤ 30 时，判定结果。

8.2.2 待检样品 Ct 值≤ 30 时，判为阳性。

8.2.3 待检样品 30 ＜ Ct 值≤ 32 时，判为牛棒状杆菌可疑结果，进行重试。

8.2.4 重试结果 Ct 值仍≤ 32 时，判为牛棒状杆菌阳性。如 Ct 值> 32 时，判为阴性。

8.3 8.1 和 8.2 结果有一项为阳性时即判为牛棒状杆菌阳性。

8.4 凡符合上述各项检测结果这做出阳性报告，不符合者做出阴性报告。

附录 A

（资料性附录）

实验试剂的配置

A.1 1mol/L Tris-Cl（pH7.4 和 pH8.0）

分别 121.1g Tris 溶解于 800mL 去离子水，浓 HCl 调节 pH 至 7.4 和 8.0，分别加水定容至 1000ml，高压灭菌备用。

A.2 0.5mol/L EDTA（pH8.0）

186.1g EDTA 溶解于 800ml 去离子水，NaOH 调节 pH 至 8.0，加水定容至 1000mL，高压灭菌备用。

A.3 氯化钠（5mol/L）

称取 29.22g 氯化钠溶于去离子水中，定容至 100mL，高压灭菌备用。

A.4 10%SDS

100mL 灭菌去离子水溶解 10g 十二烷基磺酸钠。

A.5 蛋白酶 K（20mg/mL）

100mg 蛋白酶 K 粉末用 5mL 保存液溶解，分装小管 –20℃冻存。

蛋白酶 K 保存液：50mmol/L Tris-Cl（pH8.0），1.5mmol/L 醋酸钙，50% 甘油。

50mmol/L Tris-Cl（pH8.0）：1mol/L Tris-Cl（pH8.0）2mL 加入 98mL 灭菌去离子水。

1.5mmol/L 醋酸钙：用 100mL 去离子水溶解 23.7g 醋酸钙。

50% 甘油：50mL 甘油与 50mL 去离子水混合。

A.6 裂解缓冲液

1mol/L Tris-Cl（pH8.0）10ml，0.5mol/L EDTA（pH8.0）5mL，5mol/L 氯化钠 10mL，10%SDS 10mL，20mg/mL 1mL 蛋白酶 K，加灭菌去离子水至 100mL。所需量增大，各组分比例相应增加。

A.7 醋酸钠（3mol/L）

40.8g 醋酸钠溶解于灭菌去离子水中，定容至 100mL，高压灭菌备用。

A.8 TE 缓冲液（pH7.4）

1mol/L Tris-Cl（pH7.4）1mL，0.5mol/L EDTA（pH8.0）0.2mL，加灭菌去离子水至 100mL。

ICS 65.020.30
B 44

中国实验动物学会团体标准

T/CALAS 21—2017

实验动物　小鼠、大鼠微卫星DNA标记检测方法

Laboratory animal - Methods for microsateltlie markers of laboratory mice & rats

2017-05-18　发布　　　　2017-05-18　实施

中国实验动物学会　发布

前　言

本标准按照 GB/T 1.1—2009 给出的规则编写。

本标准由中国实验动物学会归口。

本标准由全国实验动物标准化技术委员会（SAC/TC281）技术审查。

本标准由中国实验动物学会实验动物标准化专业委员会提出并组织起草。

本标准起草单位：中国食品药品检定研究院、首都医科大学、浙江省医学科学院。

本标准主要起草人：王洪、魏杰、刘月环、陈振文、岳秉飞。

引　言

DNA 多态性是实验动物遗传检测的重要手段，在动物的基因组中都发现了许多简单重复序列，因为其重复单位比小卫星 DNA 短，故称为微卫星 DNA（microsatellite）。微卫星 DNA 重复单位以二核苷酸重复单位 AC/TG 最为多见，重复单位的重复次数是可变的，一般为 10~20 次左右，这就构成了微卫星 DNA 多态性的基础。

微卫星 DNA 两端的侧翼序列是较保守的单拷贝序列，因此，微卫星 DNA 能被特异地定位在染色体的特定位置上。根据研究结果，制定出小鼠、大鼠遗传检测法，用于遗传质量控制、遗传组成分析和品系鉴别。

实验动物　小鼠、大鼠微卫星DNA标记检测方法

1　范围

本标准规定了实验动物小鼠、大鼠的DNA多态性检测方法。

本标准适用于实验动物小鼠、大鼠遗传组成分析、品系鉴别和质量控制。

2　规范性引用文件

下列文件对于本标准的应用是必不可少的。凡是注明日期的引用文件，仅注日期的版本适用于本标准。凡是不注日期的引用文件，其最新版本（包括所有的修改单）适用于本文件。

GB 14923 《实验动物　哺乳类实验动物的遗传质量控制》

3　术语和定义

下列术语和定义适用于本规程。

微卫星 DNA microsatellite DNA

动物基因组中由1~6bp碱基组成一个重复单位，再首尾相连而形成的串联重复序列，简称STR。微卫星DNA重复单位以二核苷酸重复单位AC/TG最为多见，重复单位的重复次数是可变的，一般为10~20次左右，形成了微卫星DNA的多态性。

4　操作程序

4.1　试剂　DNA提取试剂盒，PCR反应试剂盒，琼脂糖。

4.2　实验设备和器材

4.2.1　仪器设备：电泳仪，离心机，PCR仪、遗传分析仪。

4.2.2　器材：剪刀、镊子、移液器、离心管、PCR管、滤纸。

4.3　微卫星位点的选择

4.3.1　近交系小鼠

在表1中选择20个微卫星位点，原则上需覆盖小鼠的20条染色体。

表 1 30 个实验小鼠微卫星位点的扩增条件和染色体分布

位点	引物序列（5'-3'）	染色体	$MgCl_2$（mmol/L）	退火温度（℃）
D1Mit365	ATCACCTGCAATAGTACCCCC TTAATCAGTCATCATAGGCTTTTCC	1	1.5	54
D2Mit15	ATGCCTTAGAAGAATTTGTTCCC CTTGAAAAACACATCAAAATCTGC	2	1.5	54
D3Mit29	GATGAGAGATTCTGATGTGGAGG CCAGCCTCAGTATCTCAAAACC	3	1.5	64
D4Mit235	AGGCCAAAGGTTGGATTTCT GAGACTTGAAATTGAAGCATTTAGG	4	1.5	55
D5Mit48	GACTATCATCCAAGCCAAGACC AAAAGACACTTTCCCTGACATAGC	5	1.5	60
D6Mit102	CCATGTGGATATCTTCCCTTG GTATACCCAGTTGTAAATCTTGTGTG	6	1.5	54
D6Mit8	TGCACAGCAGCTCATTCTCT GGAAGGAAGGAGTGGGGTAG	6	1.5	60
D6Mit15	CACTGACCCTAGCACAGCAG TCCTGGCTTCCACAGGTACT	6	1.5	60
D7Mit281	TTCCTCTACCTCCTGAGCCA GCCACAAGGAAGACACCATT	7	1.5	60
D7Mit12	GCTGGGTTTATTCATTGCAA TCCAGCTCATGGGTAGAAGA	7	1.5	58
D8Mit33	TTTGAGCAAAGGACTTGCCT TTATTCTGCCTCAACACCACC	8	1.5	60
D8Mit14	TTTTCACACTCACGTGTGCG GTCTCTCCTTCCTGGCGCTG	8	1.5	63
D9Mit23	AAGAAGTTTCCATGACATCATGAA AGAAGAAAATTCTTGACAGCTCTG	9	1.5	65
D9Mit21	CAGTCCCTGGTTAATAACAACAAC TATAGTCCATTGTGGCAGAGGAGT	9	1.5	59
D10Mit12	ATGTCCAAAACACCAGCCAG GGAAGTGATGGAGCTCTGTT	10	1.5	54
D11Mit4	CAGTGGGTCATCAGTACAGCA AAGCCAGCCCAGTCTTCATA	11	1.5	54
D12Mit7	CCGGGGATCTAAAACTACAT TCTAATCTCAGCCCAATGGT	12	1.5	60
D12Nds11	CATTTGAGGACAGTCAGGATC GGAACTTTCATGCAGTACTAG	12	1.5	54

续表

位点	引物序列（5'-3'）	染色体	$MgCl_2$（mmol/L）	退火温度（℃）
D13Mit3	TCAGGCTCATCCCAGATACC	13	1.5	60
	TTTTGCAGAGAACACACACC			
D14Mit3	GCAATTACACCTCCTCGGAG	14	1.5	54
	CACAAGGGCATATGGTACCC			
D15Mit5	CTTCCTAATTCCTGTCAAGCAAAT	15	1.5	54
	GTTTCATTGGTCAATGGAAACTTA			
D15Mit15	AGCATACACTCTCTTGTTCCTGCT	15	1.5	60
	AATAAATACCAGAGAAGCACCGTG			
D16Mit9	TCTTGCTCTGGTATCAACTACAGG	16	1.5	55
	CCTCCTTGCCCAGCTAAAC			
D17Mit11	TGAATTTATGAGGGGGGTCA	17	1.5	54
	TGTCCCATATCTCTCTTTATACACA			
D17Nds3	TTCCTGTGGCGGCCTTATCAG	17	1.5	58
	AGACAATGGGTAACAGAGGCA			
D18Mit19	ATTGGGTGTTCAGGTGCAG	18	1.5	55
	ATGCACAATAGCTCATAGCTTCT			
D18Mit9	AGAGGCATTGCACACACAAG	18	1.5	60
	GCCCCTTGGAGAGTTGGT			
D19Mit16	TCTTAGGTAATCTCCCTTAGGGG	19	1.5	54
	TGGTAAATGTAAAACTGAAGCATG			
D19Mit3	CTTCCCCTACTGCAGTGCTC	19	1.5	60
	TTGCATAGTTGGCCAAAGTG			
DXMit16	CTGCAATGCCTGCTGTTTTA	20	1.5	58
	CCGGAGTACAAAGGGAGTCA			

4.3.2 封闭群小鼠

在表 1 中选择 25 个微卫星位点，原则上需覆盖小鼠的 20 条染色体。

4.3.3 近交系大鼠

用表 2 的微卫星标记进行扩增，应用 6 个位点区分不同近交系。

表 2 6 个近交系大鼠微卫星引物序列及常见品系带型

引物名称	序列（5'-3'）	常用品系带型		
		Lewis	BN	F344
D3Wox9（F）	TTCAGGTATGATTCGGGAAC	b	b	a
	ATTGGCGATATCATTTCACTAAC			
APOC3（F）	GATTTGAAGCGATTGTCCAT	b	a	b
	GTCTAGCTGCCCACAGGAG			

续表

引物名称	序列（5'-3'）	常用品系带型		
		Lewis	BN	F344
D11mgh3（F）	GGAGCTGAAATACGAGAGAAATAA	a	c	b
	GTCCTGCTGGCTGTGCAT			
D12Mit2（F）	GTGGCTCTTTTCCTTAGGGA	b	b	a
	TCGGCTTCTGAATGTATTGG			
RATIL6G（F）	ACTCTACAAGGACCAGAAAGTG	a	a	b
	GCATCTTAGCTGGGCTGACC			
PA2S（F）	AGTGTTGCCCTCCTATGCATAC	a	b	b
	AGAACATGCTGTTGTCAGGCTC			

注：按泳动快慢将条带依次命名为 a、b、c……带，泳动最快的命名为 a 带。

4.3.4 封闭群大鼠

利用表 3 的 25 个微卫星位点进行扩增，原则上需覆盖大鼠的 21 条染色体。

表 3　25 个封闭群大鼠微卫星位点序列和染色体分布

位点	引物序列（5'-3'）	染色体	片段大小	退火温度（℃）
D1Rat345	TTCACACAAATGCCACCAGT	1	120~129	55
	CAAAGAGATAGGGCGACAGG			
D1Mgh14	CCGCACTGAGCTCTCAGAG	1	125~159	59
	CCCAACCATTGAGCTAGTAAGG			
D2Wox15	GGTGCTAGTAGACAATAAGATAGAT	2	137~159	53
	TTCATGAGTTTTCACTGTTTGC			
D2Mgh26	ATTGGTGATCAGATTTTTTTCTCC	2	133~145	55
	CCCAACCATTGAGCTAGTAAGG			
D3Wox9	TTCAGGTATGATTCGGGAAC	3	115~125	53
	ATTGGCGATATCATTTCACTAAC			
D4Arb10	ACTCATCTTCTGAGGAGTAGCG	4	370~416	57
	TTCACAGTCTATTTGGTAGGGC			
D4Mit15	CCTAATGACAGCAATAGAAACTACG	4	181~218	55
	TTTTGGTACTGGAGAAAGTTGG			
D5Hmgc2	ATGTTCCCTGATGTCCCTTC	5	215~225	54
	AAACCATGCCACGTGAAC			
D6Mit1	TTAGGAGAGAACTGAAAGTTGTCC	6	113~149	56
	ATGGTGCACTATGGTGGTCA			
D7Mgh3	CGGCATGTGTCTCTGTGTG	7	232~246	57

续表

位点	引物序列（5'-3'）	染色体	片段大小	退火温度（℃）
	TGACTTCTGGTGTCCTCACG			
D8Rat14	GGCCGGTCTAATTATTTCTTCA	8	157~177	55
	GCCCATACGTTGCATCAAGT			
D9Mit2	TGACCAGTTAGCCCTTTCCA	9	175~199	57
	GGGAGCAGGGTTCTACACAG			
D10Wox12	CGCTGGGAGGAAAGAGAG	10	91~99	56
	AGGCTTGCACTCTGTGTTTG			
D11Mgh3	GGAGCTGAAATACGAGAGAAATAA	11	148~190	56
	GTCCTGCTGGCTGTGCAT			
D11Wox3	CACTTTGAGGCCATTCTGAA	11	183~198	53
	CCTTCTCTTTGTGAAAAATAAAGTC			
D12Mit2	GTGGCTCTTTTCCTTAGGGA	12	189~219	54
	TCGGCTTCTGAATGTATTGG			
LCA	TACAGAGCAAGCTCCAGGAC	13	154~170	56
	TGTTTCTAATCCATAGGAAGTGC			
ALB	TTTTCGTAGTAACGGAAGCC	14	123~141	53
	TAAGGATTCTCAGATGCAAATG			
D15Mit3	GACCTGACCTGTTGTGGGAT	15	184~211	58
	GTTGCTCTCTGGCCTCCTC			
MBPA	ACCTACACGGACACATGGTG	16	137~159	56
	GTTGTACTTCCTGATTTCCCTTT			
ACRM	AGGAAATTAAGAGAAGTTGGGACT	17	116~130	54
	TATGCTCTTTGGGCAGCTTA			
TILP	AATCACTGGATGCTGGAAGA	18	224~259	55
	AGGGAGCAGAACTACTAAAGATACA			
D19Rat58	TCTTATTTCAGCAGGCACCA	19	105~141	54
	TCTCCTTTTTCTTTGACTTGGG			
TNF	AGGAAATGGGTTTCAGTTCC	20	117~130	54
	CAGGATTCTGTGGCAATCTG			
PRPS2	GTTTTCCCGCTTCACCAG	X	139~172	55
	AGAAGGAGAAAGCGACCG			

4.4 操作步骤

4.4.1 采样

近交系采样原则参照 GB14923 中 5.2.1.1，封闭群采样原则参照 GB14923 中 6.2.1.1 的相关规定。具体操作如下。

（1）观察动物外观，核对编号；

（2）实验大鼠、小鼠行眼底静脉采血200μL，或取0.5cm尾尖，或采用安乐死处死动物，取肾脏1个。-20℃低温保存。

（3）提取基因组DNA：用苯酚氯仿法或试剂盒提取基因组DNA。

4.4.2 PCR

4.4.2.1 PCR扩增体系：

PCR总反应体积为20μL，其中含10×PCR buffer：2μL，上下游引物（10pmol/μL）各1μL，4×dNTP 100μmol/L：1.2μL，*Taq*酶5U/μL：1μL，50~100ng基因组DNA：1μL，镁离子终浓度1.5mmol/L，纯水补齐20μL。

4.4.2.2 PCR反应程序：

95℃预变性，5min；94℃变性，30s；退火温度（各位点退火温度参见附表1），30s；72℃延伸，30s；35个循环；72℃继续延伸8min；扩增产物4℃保存。

4.4.3 电泳

4.4.3.1 制胶

1×TAE制备2.5%琼脂糖凝胶。

4.4.3.2 点样：取PCR扩增结果5μL，用移液器在凝胶上点样。

4.4.4 凝胶成像系统记录检测结果。

4.4.5 PCR产物的变性

根据琼脂糖检测的结果，对PCR产物进行稀释。若2.5%的琼脂糖检测的条带亮度基本相同，即PCR的扩增效率基本相同，则荧光染料FAM、HEX、TAMRA三种标记的三个位点的PCR产物分别取1μL混合，加到每孔含8.5μL的甲酰胺和内标的96孔板上（860μL甲酰胺加10μL内标，混匀，分装到96孔板上），95℃变性5min，迅速放在冰上。待96孔板降温后，用铝箔纸包好，4℃保存备用。

4.4.6 基因型的判定

含变性后的PCR产物的96孔板放入遗传分析仪内进行分析，原始峰图用基因分型软件进行分析，确定特定位点各个体的峰形和大小，判定个体的基因型。

5 结果判定

5.1 近交系大鼠、小鼠 所有样品检测位点的等位基因都符合品系的特征，没有新的等位基因出现为合格的近交系实验小鼠，否则判为不合格。表2、表4给出了常用大鼠、小鼠近交系微卫星位点，可用于判定。

表4 常见近交系小鼠在30各微卫星位点的片段大小

位点	片段大小（bp）						
	C57BL/6J	BALB/cJ	T739	SCID	DBA/2	FVB	NCPC/2
D1Mit365	92	92	104-108	104	104	92	92
D2Mit15	140	140	158	140	140	170	160
D3Mit29	144	196	144	144-202	180	144	144
D4Mit235	112	96	96	96	96	96	96

续表

位点	片段大小（bp）						
	C57BL/6J	BALB/cJ	T739	SCID	DBA/2	FVB	NCPC/2
D5Mit48	202	196	208	198	204	198	196
D6Mit102	141	131	139	131	121	171	135
D7Mit281	110	136	136	136	136	136	136
D8Mit33	224	222	222	226	216	224	224
D9Mit23	206	204	208	204	204	208	204
D10Mit12	237	237	237	237	237	215	237
D11Mit4	251	245	251	245	285	251	295
D12Mit7	106	122	106~122	106	106~120	106	106~122
D13Mit3	162	188	172	188	196	188	196
D15Mit5	95	95	111	95	111	111	111
D16Mit9	143	123	131	123	123	123	111~131
D17Mit11	169	145	169	145	145	173	169
D18Mit19	154	160	154	152	156	158	158
D19Mit16	132	132	132~135	132	114	128	132
DXMit16	111	89	93	93	107	93	93
D6Mit8	163	185	173	185	143~185	143~185	149~185
D6Mit15	252	194	152	194	152	152	252
D7Mit12	201	201	233	201	207	201	211
D8Mit14	138	162	138	138~162	162	134	134
D9Mit21	193	193	193	193	179	179	193
D12Nds11	169~174	179	179	174~179	179	179	179
D14Mit3	226	226	226	226	226	226	226
D15Mit15	158	158	158	158	144	144	150
D17Nds3	136	114	156~158	118	122	114	132
D18Mit9	166	156	164	156	156	166	156
D19Mit3	197~201	197~201	197	197~201	197~207	197~201	215

5.2 封闭群大鼠、小鼠

将分型结果用遗传分析软件进行处理，计算各位点的等位基因数、有效等位基因数、观测杂合度、期望杂合度以及基因频率。由上述指标计算群体的平均杂合度、卡方值、*P* 值。根据平均杂合度、卡方值、*P* 值，分析封闭群实验小鼠的遗传结构，进而评价封闭群实验小鼠的遗传质量。

当平均杂合度在 0.5~0.7 时，且期望杂合度与观测杂合度经卡方检验无明显差异时，群体为合格的封闭群群体。或者利用哈代-温伯格定律，首先得到各个位点上各基因频率、基因型频率的实际值，然后可计算出基因频率和基因型频率的预期值。用实际值和预期值比较，通过卡方检验，可知被监测群体是否达到平衡状态。如果没有达到平衡状态，说明群体的基因频率或基因型频率发生变化，该封闭群群体判为不合格。

ICS 65.020.30
B 44

中国实验动物学会团体标准

T/CALAS 22—2017

实验动物 小鼠诺如病毒检测方法

Laboratory animal - Methods for murine norovirus

2017-05-18 发布 2017-05-18 实施

中国实验动物学会 发布

前　言

本标准按照 GB/T 1.1—2009 给出的规则编写。

本标准附录为资料性附录。

本标准由中国实验动物学会归口。

本标准由全国实验动物标准化技术委员会（SAC/TC281）技术审查。

本标准由中国实验动物学会实验动物标准化专业委员会提出并组织起草。

本标准起草单位：中国食品药品检定研究院、广东省实验动物监测所。

本标准主要起草人：李晓波、付瑞、袁文、岳秉飞、黄韧、王吉、张钰、王淑菁。

实验动物　小鼠诺如病毒检测方法

1　范围

本标准规定了小鼠诺如病毒（MNV）的检测方法、试剂等。

本标准适用于小鼠诺如病毒的检测。

2　规范性引用文件

下列标准所包含的条文，通过在本标准中引用而构成为本标准的条文。本标准出版时，所示版本均为有效。所有标准都会被修订，使用本标准的各方应探讨使用系列标准最新版本的可能性。

GB/T 14926.50—2001 《实验动物　酶联免疫吸附试验》

GB/T 14926.52—2001 《实验动物　免疫荧光试验》

GB 19489 《实验室　生物安全通用要求》

3　病毒的分离与鉴定

3.1　基本原理

样本经过处理，样本中的病毒粒子释放，将处理后的样本接种到病毒的易感细胞，在合适的条件下，病毒粒子在易感细胞中增殖，并产生典型的细胞病变，可通过显微镜进行观察判断。

3.2　主要试剂与器材

3.2.1　试剂

3.2.1.1　RAW264.7 细胞。

3.2.1.2　DMEM 高糖培养基。

3.2.1.3　新生牛血清。

3.2.1.4　无菌 PBS。

3.2.2　器材

3.2.2.1　倒置显微镜。

3.2.2.2　二氧化碳培养箱。

3.2.2.3　细胞培养瓶。

3.2.2.4　0.22μm 微孔滤膜。

3.2.2.5　移液管。

3.3　操作步骤

3.3.1　样品的采集

无菌采集小鼠盲肠内容物或粪便，置于离心管中，如不立即进行后续处理，需放

入 –70℃冰箱保存。

3.3.2 样品的处理

约 100mg 粪便样品加入 900μL 无菌 PBS，涡旋震荡混匀，12 000r/min 离心 10min，取上清，上清用 0.22μm 微孔滤膜进行过滤，进行后续试验。

3.3.3 接种

将过滤液接种至已长成单层的 RAW264.7 细胞，接种量为培养液量的 10%，在含 5% CO_2 的 37℃培养箱中吸附 1h，倒弃，加入含 10% 新生牛血清的 DMEM 培养基继续培养。

3.4 结果判定

3.4.1 观察

接种后 36~72h，显微镜观察细胞是否出现细胞病变效应（CPE），如未出现 CPE，将细胞冻融 3 次，盲传 3 代，如仍无 CPE，判为小鼠诺如病毒阴性；如出现 CPE，需进行下一步鉴定。

3.4.2 鉴定

出现 CPE 的细胞培养物，进行免疫荧光法或分子生物学方法（如普通 PCR 或荧光 PCR）进行鉴定确认。

4 免疫荧光试验

4.1 基本原理

含有病毒抗原的细胞（组织培养细胞或动物组织细胞）固定于玻片上，遇相应抗体形成抗原抗体复合物。此抗原抗体复合物仍保持其抗原活性，可与相应的第二抗体荧光素结合物结合。荧光素在紫外光或蓝紫光的照射下，可激发出可见的荧光。因此，在荧光显微镜下以荧光的有无和强弱判定结果。

4.2 主要试剂与器材

4.2.1 试剂

4.2.1.1 RAW264.7 细胞。

4.2.1.2 DMEM 高糖培养基。

4.2.1.3 新生牛血清。

4.2.1.4 无菌 PBS。

4.2.1.5 荧光素标记的小鼠二抗。

4.2.1.6 伊文思蓝。

4.2.1.7 小鼠诺如病毒毒种（分离或购买均可）。

4.2.1.8 标准 MNV 抗体阳性和阴性小鼠血清。

4.2.1.9 胰酶。

4.2.1.10 50% 甘油。

4.2.2 器材

4.2.2.1 荧光显微镜。

4.2.2.2 二氧化碳培养箱。

4.2.2.3 生物安全柜。

4.2.2.4 细胞培养瓶、移液管、载玻片、盖玻片、湿盒等。

4.3 操作步骤

4.3.1 抗原片的制备

此步骤在生物安全柜操作，将 MNV 病毒接种至 RAW264.7 细胞，待出现病变后用胰酶消化下细胞，PBS 洗三次，用适量 PBS 悬浮细胞，将细胞悬液滴于玻片孔中。同时消化未感染病毒的同批细胞，滴加同一玻片另一孔内，作为正常细胞对照。孔内滴加的细胞以细胞铺开、不重叠为宜。室温干燥后，冷丙酮（4℃）固定 10min。PBS 漂洗后充分干燥，置于 -20℃备用。

4.3.2 加样

取出抗原片，室温干燥后，将用 PBS 1∶40 稀释的待检血清和标准血清滴于抗原片上，每份血清加两个病毒抗原孔和一个正常对照孔，置湿盒内，37℃孵育 30min。

4.3.3 洗涤

将抗原片取出，用 PBS 振荡洗涤三次，每次 5min，室温干燥。

4.3.4 加二抗

用 0.01% 的伊文思蓝将荧光标记的二抗 1∶200 稀释，滴加与抗原片上，置湿盒内，37℃孵育 30min。

4.3.5 洗涤：PBS 洗三次，每次 5min。

4.3.6 结果观察

50% 甘油封片，荧光显微镜下观察。

4.4 结果判定

在阴性、阳性对照成立的的条件下，及阴性血清与正常细胞和病毒感染细胞反应均无荧光；阳性血清与正常细胞反应无荧光，与病毒感染细胞反应有荧光，即可判定结果。

4.4.1 待检血清与正常和病毒感染细胞均无荧光反应，判为阴性。

4.4.2 待检血清与正常细胞反应无荧光，与感染细胞有荧光反应，判为阳性。

5 酶联免疫吸附试验（ELISA）

5.1 基本原理

包被于固相载体表面的已知抗原与待检血清中的特异性抗体结合形成免疫复合物。此抗原抗体复合物仍保持其抗原活性，可与相应的第二抗体酶结合物结合。在酶的催化作用下底物发生反应，产生有色物质。颜色反应的深浅与待检血清中所含有的特异性抗体的量成正比。

5.2 主要试剂与器材

5.2.1 试剂

5.2.1.1 抗原：人工表达的 MNV 重组抗原或经高速离心纯化的病毒抗原。

5.2.1.2 酶结合物：辣根过氧化物酶标记的羊抗小鼠 IgG 抗体。

5.2.1.3 对照血清

5.2.1.3.1 阳性血清：MNV 抗原免疫小鼠获得的抗血清。

5.2.1.3.2 阴性血清：经确认 MNV 抗体阴性的小鼠血清。

5.2.1.4 样品：采集小鼠血液，分离血清，血清必须清亮、透明、不溶血，–20℃保存或立即检测。

5.2.1.5 其他试剂：包被液、洗涤液、稀释液、磷酸盐-柠檬酸缓冲液、底物溶液、终止液等，依附录 A 自行配制。

5.2.2 器材

5.2.2.1 酶标仪。

5.2.2.2 恒温培养箱。

5.2.2.3 聚苯乙烯酶标板。

5.2.2.4 天平。

5.2.2.5 微量加样器等。

5.3 操作步骤

5.3.1 包被抗原

根据滴定的最佳工作浓度，将 MNV 抗原用包被液稀释，加入酶标板，每孔 100μL，置 37℃ 1h 后再 4℃过夜。

5.3.2 洗板

用洗涤液洗 5 次，每次 1~2min，叩干，如不马上使用，用铝箔纸真空包装密封，置 4℃保存。

5.3.3 加样

待检血清和阴性、阳性对照血清分别用稀释液做 1∶40 稀释，加入抗原孔，每孔 100μL，在记录纸标好加样位置，37℃孵育 1h 洗涤同上。

5.3.4 加酶结合物

用稀释液将酶结合物稀释成适当浓度，每孔加入 100μL，37℃孵育 1h，洗涤同上。

5.3.5 加底物溶液

每孔加入新配制的底物溶液 100μL，置 37℃，避光显色 10~15min。

5.3.6 测定吸光值（A 值）

每孔加入终止液 50μL，混匀后立即在酶标仪上进行测定，于 492nm 测定各孔吸光值；也可进行双波长检测，测定 492nm 和 405nm A 值，取两者差值。

5.4 结果判定

a）阳性血清孔 A 值≥ 0.6，阴性血清孔 A 值＜ 0.2，实验成立。

b）待检血清 A 值≥ 0.2，同时待检血清 A 值 / 阴性对照 A 值≥ 2.1，判为阳性；否则判为阴性。

6 聚合酶链式反应（PCR）

6.1 原理 人工合成的两条特异性引物分别与目的基因变性结合，在合适的条件下，由耐热的 DNA 聚合酶催化引物引导的 DNA 合成（即延伸），完成热变性 - 复性 - 延伸的 PCR 循环，通过 30 次左右的循环扩增，可通过琼脂糖凝胶电泳检查扩增的 DNA 特异性条带。

6.2　主要试剂与器材

6.2.1　试剂

6.2.1.1　逆转录试剂：购自商业化公司

6.2.1.2　PCR 试剂：购自商业化公司

6.2.1.3　核酸提取试剂盒：购自商业化公司；

6.2.1.4　引物

（1）一次 PCR：针对衣壳蛋白基因设计

上游引物：5′-CAGATCACATGCTTCCCAC-3′

下游引物：5′-AGACCACAAAAGACTCATCAC-3′

扩增产物为 187bp。

（2）套式 PCR 引物：针对 RNA 聚合酶基因设计

P1：5′-GACATCATGGTGCGCCT-3′

P2：5′-CTCATTCACAAAGACTGCTG-3′

P3：5′-TCYTTCTATGGTGATGAYGA-3′

P4：5′-TCTCAGCATCCATTGTTCCA-3′

第 2 轮的最终扩增产物为 466bp。

6.2.1.5　对照

（1）阳性对照：MNV 感染的 RAW264.7 细胞，反复冻融 3 次后提取 RNA，经逆转录后得到的 cDNA。

（2）阴性对照：灭菌双蒸水。

6.2.1.6　其他试剂：DNA marker，琼脂糖，电泳缓冲液，染料均购自商业公司。

6.2.2　器材

6.2.2.1　PCR 仪。

6.2.2.2　电泳仪。

6.2.2.3　凝胶成像仪。

6.2.2.4　高速离心机。

6.2.2.5　恒温水浴。

6.2.2.6　微量移液器。

6.2.2.7　无 RNA 酶和 DNA 酶的 0.2mLPCR 管及其他型号的离心管。

6.3　操作步骤

6.3.1　样本的采集：无菌采集小鼠的粪便、盲肠内容物、脾等任一样本即可。

6.3.2　样本的处理

6.3.2.1　粪便、盲肠内容物的处理

取约 100mg 样本，加入 900μL 灭菌 PBS，直接涡旋振荡 30s，12 000r/min 离心 10min，取上清，经 0.2μm 滤膜过滤后备用。

6.3.2.2　脾等组织

取约 100mg 样本，加入 900μL 灭菌 PBS，用研磨器研磨至匀浆状，12 000r/min 离心 10min，取上清备用。

6.3.3 核酸的提取

取适量上一步骤获得的上清，按核酸提取试剂盒说明提取病毒 RNA 备用。

6.3.4 逆转录

按试剂盒操作说明进行逆转录，不同试剂盒会有差异，在此仅举例说明。25μL 反应体系包括：5×RT 缓冲液 5μL，dNTP 4μL，随机引物 1μL，AMV 逆转录酶 0.5μL，待检 RNA 8μL，无 RNA 酶水补足。反应条件为：37℃ 90min，72℃ 15min，4℃ 5min 各 1 个循环，获得样本的 cDNA。

6.3.5 PCR 扩增

6.3.5.1 一次 PCR

25μL 反应体系包括：10×PCR buffer 2.5μL，dNTP 2μL，上下游引物（10μmol/L）各 1μL，待检 cDNA 1μL，*Taq* 酶 0.5μL，灭菌双蒸水补足。反应条件为 95℃ 5min；94℃ 30s，56℃ 30s，72℃ 30s，共 35 个循环；最后 72℃延伸 5min。

6.3.5.2 套式 PCR

a）第 1 轮扩增：25μL 反应体系包括：10×PCR buffer 2.5μL，dNTP 2μL，引物 P1、P2（10μmol/L）各 1μL，待检 cDNA 1μL，*Taq* 酶 0.5μL，灭菌双蒸水补足。反应条件为 95℃ 5min；94℃ 1min，55℃ 1min，72℃ 1min，共 30 个循环；最后 72℃延伸 5min。

b）第 2 轮扩增：25μL 反应体系包括：10×PCR buffer 2.5μL，dNTP 2μL，引物 P3、P4（10μmol/L）各 1μL，第 1 轮产物 1μL，*Taq* 酶 0.5μL，灭菌双蒸水补足。反应条件同第 1 轮。

6.3.6 PCR 产物电泳

取一次 PCR 产物或套式 PCR 的第 2 轮 PCR 产物 5μL 经 2% 琼脂糖凝胶电泳，在凝胶成像仪观察是否出现目的条带。

6.4 结果判定

6.4.1 一次 PCR

a）在阴性、阳性对照成立的条件下，即阳性对照的扩增产物经电泳检测可见到 187bp 扩增条带，阴性对照的扩增产物无任何条带，可进行结果判定。

b）琼脂糖凝胶电泳在凝胶成像仪上观察到 187bp 扩增条带，并经核酸序列测定后，判为小鼠诺如病毒阳性；琼脂糖凝胶电泳在凝胶成像仪上未观察到 187bp 扩增条带，判为小鼠诺如病毒阴性。

6.4.2 套式 PCR

a）在阴性、阳性对照成立的条件下，即阳性对照的第 2 轮 PCR 扩增产物经电泳检测可见到 466bp 扩增条带，阴性对照的第 2 轮扩增产物无任何条带，可进行结果判定。

b）琼脂糖凝胶电泳在凝胶成像仪上观察到 466bp 扩增条带，并经核酸序列测定后，判为小鼠诺如病毒阳性；琼脂糖凝胶电泳在凝胶成像仪上未观察到 466bp 扩增条带，判为小鼠诺如病毒阴性。

6.4.3 注意事项

一批样本若多个样本出现目的条带，只需选取几个进行序列测定，如果证实为阳性则出现目的条带的样本均可判为阳性；否则为阴性。

7　实时荧光 RT-PCR 方法（染料法）

7.1　基本原理

在 PCR 反应体系中加入荧光染料，荧光染料能够特异性的掺入 DNA 双链，从而发射荧光信号，而单链 DNA 荧光染料不会掺入结合，也就不会发射荧光信号，从而保证荧光信号的增加与 PCR 产物的增加完全同步，通过荧光 PCR 仪检测荧光信号和溶解曲线来判断结果。

7.2　主要试剂与器材

7.2.1　试剂

7.2.1.1　逆转录试剂：购自商业化公司

7.2.1.2　SYBR Premix EX TaqTMGC：购自商业化公司

7.2.1.3　核酸提取试剂盒：购自商业化公司；

7.2.1.4　引物：针对 MNV ORF1 和 ORF2 交界处保守序列设计

上游引物：5′- CAGGAAYGCTCAGCAGTCTTTGT -3′

下游引物：5′- GGYTGAATGGGGACGGC -3′

7.2.1.5　对照

7.2.1.5.1　阳性对照：MNV 感染的 RAW264.7 细胞，反复冻融 3 次后提取 RNA，经逆转录后得到的 cDNA。

7.2.1.5.2　阴性对照：灭菌双蒸水。

7.2.1.5.3　质粒标准品的制备：人工合成MNV（KM458057.1）基因组 5018-5450 DNA序列，转 pMD19-T-simple 质粒中，作为 MNV 质粒标准品。

7.2.2 器材

7.2.2.1　实时荧光 PCR 仪。

7.2.2.2　高速离心机。

7.2.2.3　微量移液器。

7.2.2.4　无 RNA 酶和 DNA 酶的荧光定量 PCR 管及其他型号的离心管。

7.3　操作步骤

7.3.1　样本的采集

无菌采集小鼠的粪便、盲肠内容物、脾等任一样本即可。

7.3.2　样本的处理

7.3.2.1　粪便、盲肠内容物的处理

取约 100mg 样本，加入 900μL 灭菌 PBS，直接涡旋振荡 30s，12 000r/min 离心 10min，取上清，经 0.2μm 滤膜过滤后备用。

7.3.2.2　脾等组织：取约 100mg 样本，加入 900μL 灭菌 PBS，用研磨器研磨至匀浆状，12 000r/min 离心 10min，取上清备用。

7.3.3　核酸的提取：取适量上一步骤获得的上清，按核酸提取试剂盒说明提取病毒 RNA 备用。

7.3.4 逆转录

按试剂盒操作说明进行逆转录，不同试剂盒会有差异，在此仅举例说明。

25μL 反应体系包括：5×RT 缓冲液 5μL，dNTP 4μL，随机引物 1μL，AMV 逆转录酶 0.5μL，待检 RNA 8μL，无 RNA 酶水补足。反应条件为：37℃ 90min，72℃ 15min，4℃ 5min 各 1 个循环，获得样本的 cDNA。

7.3.5 实时荧光 RT-PCR 扩增

7.3.5.1 质粒标准品的稀释

质粒标准品经 10 倍系列稀释，对应的浓度为 10^9 至 10^1copies/μl，每个稀释度做 3 个重复。

7.3.5.2 反应体系及条件

20μL 反应体系包括：2×SYBR Premix Ex Taq GC 10μL，上下游引物各 0.4μL，50×ROX Reference Dye II 0.4μL，模板 2μL，灭菌双蒸水补足。反应条件为 95℃ 30s；95℃ 10s，60℃ 30s，共 40 个循环。每个样品须做 3 个重复。

7.4 结果判定

满足下列条件，实验成立：

a）阳性、阴性对照成立，即阳性对照出现典型扩增曲线，且溶解曲线为单峰；阴性对照无扩增曲线，为一平行直线；

b）建立的标准曲线参数 slope 在 –3.5~–3，R2 大于 0.99，扩增效率在 90%~110%。

7.4.1 阳性及定量

待检样品出现典型 S 型扩增曲线，且循环阈值（CT）＜ 35，溶解曲线出现与阳性对照相同的单峰，同时符合这 3 个条件，判定该样品为小鼠诺如病毒阳性；根据标准曲线来确定阳性样本 MNV 核酸的浓度（copies/μL）。

7.4.2 阴性

待检样品未出现典型 S 形扩增曲线，或循环阈值（CT）≥ 35，或溶解曲线峰与阳性对照不符，出现 1 条则判定该样品为小鼠诺如病毒阴性。

8 实时荧光 RT-PCR 法（探针法）

8.1 基本原理

根据小鼠诺如病毒高度保守的开放阅读框 1（ORF1）-ORF2 结合区域的基因序列，设计合成一对特异性引物和一条特异性探针，探针两端分别标记一个报告荧光基团和一个淬灭荧光基团。探针完整时，报告基团发射的荧光信号被淬灭基团吸收；PCR 扩增时，*Taq* 酶的 5'→3' 外切酶活性将探针酶切降解，使报告荧光基团和淬灭荧光基团分离，淬灭作用消失，荧光信号产生并被检测仪器接受，随着 PCR 反应的循环进行，PCR 产物与荧光信号的增长呈对应关系。因此，可以通过检测荧光信号对核酸模板进行检测。

8.2 主要试剂与器材

8.2.1 试剂

除特别说明外，所有实验用试剂均为分析纯；实验用水为去离子水。

8.2.1.1 灭菌 PBS。见附录 A。

8.2.1.2 无 RNase 去离子水：经 DEPC（焦炭酸乙二酯）处理的去离子水或商品无 RNase 水。见附录 A。

8.2.1.3 RNA 抽提试剂 TRIzol（Lifetechnologies 公司，Cat.No. 15596-026））或其他等效产品。

8.2.1.4 无水乙醇。

8.2.1.5 75% 乙醇（无 RNase 去离子水配制）。

8.2.1.6 三氯甲烷（氯仿）。

8.2.1.7 异丙醇。

8.2.1.8 实时荧光 RT-PCR 试剂：One Step PrimerscriptTM RT-PCR Kit（Perfect Realtime）（Takara 公司，Cat.No.RR064A）1）或其他等效产品。

8.2.1.9 引物和探针：根据表 1 的序列合成引物和探针，引物和探针加无 RNase 去离子水配制成 10μmol/L 储备液，–20℃保存。

表 1 实时荧光 RT-PCR 扩增引物和探针

引物和探针名称	引物和探针序列（5’ →3’）	产物大小（bp）
正向引物	TCTGTYCTGCGCTGGGTGC	96
反向引物	GCTGCGCCATCACTCATCC	
探针	FAM- ATGCTGAGACCCCGCAGGAACG -BHQ-1	

注 1：简并碱基 Y：T/C。

注 2：探针也可选用具有与 FAM 和 BHQ-1 荧光基团相同检测效果的其他合适的荧光报告基团和荧光淬灭基团组合。

8.2.2 器材

8.2.2.1 实时荧光 PCR 仪。

8.2.2.2 高速冷冻离心机。

8.2.2.3 普通离心机。

8.2.2.4 恒温孵育器。

8.2.2.5 漩涡振荡器。

8.2.2.6 组织匀浆器。

8.2.2.7 生物安全柜。

8.2.2.8 PCR 超净工作台。

8.2.2.9 超低温冰箱（–80℃）。

8.2.2.10 微量移液器（0.1~2μL，1~10μL，10~100μL，100~1000μL）。

8.2.2.11 无 RNase 的离心管（1.5mL、2mL、5mL、15mL），无 RNase 的吸头（10μL、200μL、1mL），无 RNase 的 PCR 扩增反应管（0.2mL，八连管或 96 孔板）。

8.2.2.12 聚乙烯薄膜袋：90mm×150mm 自封袋，使用前紫外灭菌 20min。

8.2.2.13 采样工具：剪刀、镊子和灭菌棉拭子等。

8.3 操作步骤

8.3.1 采样及样本的处理

采样过程中样本不得交叉污染，采样及样品前处理过程中须戴一次性手套。

8.3.1.1 脏器组织

剖检，无菌采集动物的肠系膜淋巴结、肝脏、脾脏和肠，剪取待检样品2.0g于无菌5mL离心管，加入4mL灭菌PBS，使用电动匀浆器充分匀浆1~2min，然后将组织悬液在4℃，3000r/min离心10min，取上清液转入另一无菌5mL离心管中，编号备用。

8.3.1.2 盲肠内容物或粪便

无菌采集动物盲肠内容物或粪便，取待检样品2.0g于无菌5mL离心管，加入4mL灭菌PBS，使用电动匀浆器充分匀浆1~2min，12 000r/min离心10min，取上清液转入另一无菌5mL离心管中，编号备用。

8.3.1.3 细胞培养物

a）方法一：直接刮取样品接种后出现CPE或可疑的细胞培养物于15mL离心管中，3000r/min离心10min，去上清，加1mL灭菌PBS重悬细胞，然后将细胞悬液转移到无菌1.5mL离心管中，编号备用。

b）方法二：将样品接种后出现CPE或可疑的细胞培养物反复冻融三次，细胞混悬液转移于15mL离心管中，12 000r/min离心10min，去细胞碎片，上清液转移到无菌15mL离心管中，编号备用。

8.3.1.4 实验动物环境

8.3.1.4.1 实验动物饲料、垫料和饮水

取适量实验动物饲料和垫料置于聚乙烯薄膜袋中，加入适量灭菌PBS（饲料和垫料需全部浸泡于液体中）。密封后浸泡5~10min，充分混匀，将混悬液转移至15mL离心管中，4℃，12 000r/min离心10min，取上清液转入另一无菌5mL离心管中，编号备用。取适量实验动物饮水直接转移到无菌5mL离心管中，编号备用。

8.3.1.4.2 实验动物设施设备

用灭菌棉拭子拭取实验动物设施设备出风口初效滤膜表面沉积物，将拭子置入灭菌15mL离心管，加入适量灭菌PBS，浸泡5~10min，充分混匀，取出棉拭子，将离心管于4℃，12 000r/min离心10min，取上清液转入另一无菌5mL离心管中，编号备用。

8.3.1.5 样本的存放

采集或处理的样本在2~8℃条件下保存应不超过24h，若需长期保存，须放置−80℃冰箱，但应避免反复冻融（冻融不超过3次）。

8.3.2 样本RNA提取

TRIzol对人体有害，使用时应戴一次性手套，注意防止溅出。

8.3.2.1 取200μL处理后的样本加1mL TRIzol后，充分混匀，室温静置10min，使其充分裂解。

8.3.2.2 按200μL氯仿/mL TRIzol加入氯仿，盖紧样品管盖，用手用力振荡摇晃离心

管 15s，禁用漩涡振荡器，以免基因组 RNA 断裂。室温静置 5min。4℃ 12 000r/min 离心 15min。

8.3.2.3 离心后混合物分成三层：下层红色的苯酚-氯仿层，中间层，上层无色的水样层。RNA 存在于水样层当中，水样层的容量大约为所加 TRIzol 容量的 60%。吸取上层水相，至另一离心管中，注意不要吸取中间界面。

8.3.2.4 按 0.5mL 异丙醇 /mL TRIzol 加入异丙醇混匀，室温放置 10min。4℃ 12 000r/min 离心 10min，弃上清，RNA 沉淀一般形成一胶状片状沉淀附着于试管壁和管底。

8.3.2.5 按 1mL 75% 乙醇 /mL TRIzol 加入 75% 乙醇，温和振荡离心管，悬浮沉淀。4℃ 7500r/min 离心 5min，弃上清，将离心管倒立吸水纸上，尽量使液体流干。

8.3.2.6 室温自然风干干燥 5~10min，注意 RNA 样品不要过于干燥，否则很难溶解。

8.3.2.7 用 50~100μL 无 RNase 去离子水溶解 RNA 样品，制备好的 RNA 应尽快进行下一步 PCR 反应，若暂时不能进行 PCR 反应，应于 −80℃冰箱保存备用。

8.3.3 实时荧光 RT-PCR

8.3.3.1 实时荧光 RT-PCR 反应体系

一步法实时荧光 RT-PCR 反应体系见表 2。反应液的配制在冰上操作，每次反应同时设计阳性对照、阴性对照和空白对照，其中阳性对照以含有小鼠诺如病毒的组织或细胞培养物提取的 RNA 作为阳性对照模板，其中阴性对照以不含有小鼠诺如病毒 RNA 样品（可以是正常动物组织或正常细胞培养物）作为阴性对照模板，空白对照即为不加模板对照（No Template Control，NTC），即在反应中用水来代替模板。

表 2 每个样品反应体系配制表

反应组分	用量 /μL	终浓度
2 × One Step RT-PCR Buffer III	25	1 ×
Ex Taq HS（5U/μL）	1	
PrimeScript RT Enzyme Mix II	1	
正向引物（10μmol/L）	2	400nmol/L
反向引物（10μmol/L）	2	400nmol/L
探针（10μmol/L）	2.5	500nmol/L
Rox	1	
RNA 模板	10	
无 RNase 去离子水	5.5	
总体积	50	

注：试剂 Rox 只在具有 Rox 荧光校正通道的实时荧光 PCR 仪上进行扩增时添加，否则用水补齐。

8.3.3.2 实时荧光 RT-PCR 反应参数

实时荧光 RT-PCR 反应参数见表 3。

表 3 实时荧光 RT-PCR 反应参数

<table>
<tr><th>步骤</th><th>温度</th><th>时间</th><th>采集荧光信号</th><th>循环数</th></tr>
<tr><td>逆转录</td><td>42℃</td><td>15min</td><td rowspan="3">否</td><td>1</td></tr>
<tr><td>预变性</td><td>95℃</td><td>30s</td><td>1</td></tr>
<tr><td>变性</td><td>95℃</td><td>5s</td><td rowspan="2">40</td></tr>
<tr><td>退火，延伸</td><td>60℃</td><td>34s</td><td>是</td></tr>
</table>

注：可使用其他等效的一步法或两步法 RT-PCR 检测试剂盒进行，反应体系和反应参数可做相应调整。试验检测结束后，根据收集的荧光曲线和 Ct 值判定结果。

8.4 结果判定

8.4.1 结果分析和条件设定

直接读取检测结果，基线和阈值设定原则根据仪器的噪声情况进行调整，以阈值线刚好超过正常阴性样品扩增曲线的最高点为准。

8.4.2 质控标准

8.4.2.1 空白对照无 Ct 值，并且无荧光扩增曲线，一直为水平线。

8.4.2.2 阴性对照无 Ct 值，并且无荧光扩增曲线，一直为水平线。

8.4.2.3 阳性对照 Ct 值应≤ 35，并且有明显的荧光扩增曲线，则表明反应体系运行正常，否则此次试验无效，需重新进行实时荧光 RT-PCR 扩增。

8.4.3 结果判定

8.4.3.1 若待检测样品无荧光扩增曲线，则判定样品未检出小鼠诺如病毒。

8.4.3.2 若待检测样品有荧光扩增曲线，且 Ct 值应≤ 35 时，则判断样品中检出小鼠诺如病毒。

8.4.3.3 若待检测样品 Ct 值介于 35 和 40 之间时，应重新进行实时荧光 RT-PCR 检测。重新检测后，若 Ct 值≥ 40 时，则判定样品未检出小鼠诺如病毒。重新检测后的 Ct 值仍介于 35 和 40 之间，则判定样品检出小鼠诺如病毒。

9 生物安全

以上所有方法的操作均需按 GB 19489 规定执行。

附录 A

（资料性附录）

试剂的配制

A.1 包被液（0.05mol/L，PH 9.6）用于 ELISA

碳酸钠	1.59g
碳酸氢钠	2.93g
蒸馏水	加至 1000mL

A.2 PBS（0.01mol/L，pH 7.4）用于 ELISA 和 IFA

氯化钠	8g
氯化钾	0.2g
磷酸氢二钠（$Na_2HPO_4 \cdot 12H_2O$）	2.83g
蒸馏水	加至 1000mL

A.3 洗涤液 用于 ELISA

PBS（0.01mol/L，pH 7.4）	1000mL
Tween-20	0.5mL

A.4 稀释液 用于 ELISA

含 10% 小牛血清的洗涤液。

A.5 磷酸盐 - 柠檬酸缓冲液（pH5.0） 用于 ELISA

柠檬酸	3.26g
$Na_2HPO_4 \cdot 12H_2O$	12.9g
蒸馏水	700mL

A.6 底物溶液 用于 ELISA

磷酸盐 - 柠檬酸缓冲液（pH 5.0）	10mL
邻苯二胺（OPD）	4mg
30% H_2O_2	2μL

A.7 终止液（2 mol/L 硫酸）用于 ELISA

硫酸	58mL
蒸馏水	442mL

A.8 0.02mol/L pH7.2 磷酸盐缓冲液（PBS）的配制 用于实时荧光 RT-PCR

A.8.1 A 液

0.2mol/L 磷酸二氢钠溶液：称取磷酸二氢钠（$NaH_2PO_4 \cdot H_2O$）27.6g，先加适量去离子水溶解，最后定容至 1000mL，混匀。

A.8.2 B 液

0.2mol/L 磷酸氢二钠溶液：称取磷酸氢二钠 $NaH_2PO_4 \cdot 7H_2O$ 53.6g（或 $Na_2HPO_4 \cdot 12H_2O$ 71.6g 或 $Na_2HPO_4 \cdot 2H_2O$ 35.6g），先加适量去离子水溶解，最后定容至 1000mL，混匀。

A.8.3 0.02mol/L pH7.2 磷酸盐缓冲液（PBS）的配制

取 A 液 14mL，B 液 36mL，加氯化钠（NaCl）8.5g，用无离子水溶解稀释，最后定容至 1000mL，经 121℃高压灭菌 15min，冷却备用。

A.9 无 RNase 去离子水的配制 用于实时荧光 RT-PCR

实验用去离子水按 0.1% 加入 DEPC 摇匀，室温静置过夜，121℃高压灭菌 15min，冷却备用。

ICS 65.020.30
B 44

中国实验动物学会团体标准

T/CALAS 23—2017

实验动物　布鲁杆菌 PCR 检测方法

Laboratory animal - PCR for examination of Brucellosis

2017-05-18 发布　　2017-05-18 实施

中国实验动物学会　发布

前　言

本标准按照 GB/T 1.1—2009 给出的规则编写。

本标准由中国实验动物学会归口。

本标准由全国实验动物标准化技术委员会（SAC/TC281）技术审查。

本标准由中国实验动物学会实验动物标准化专业委员会提出并组织起草。

本标准起草单位：中国食品药品检定研究院。

本标准主要起草人：冯育芳、邢进、岳秉飞。

实验动物　布鲁杆菌 PCR 检测方法

1　范围

本标准规定了实验动物布鲁杆菌的 PCR 诊断方法。

本标准适用于牛种、猪种、犬种、羊种、绵羊种和沙林鼠种布鲁杆菌感染的动物检测。

2　规范性引用文件

下列标准所包含的条文，通过在本标准中引用而构成本标准的条文。本标准出版时，所示版本均为有效。所有标准都会被修订，使用本标准的各方应探讨使用系列标准最新版本的可能性。

GB/T 14926.42 《实验动物 细菌学检测 标本采集》

GB/T 14926.43 《实验动物 细菌学检测 染色法、培养基和试剂》

GB/T 14926.45 《实验动物 布鲁杆菌检测方法》

GB/T 18646 《动物布鲁氏菌病诊断技术》

SN/T 1088 《布氏杆菌检疫技术规范》

GB 19489 《实验室 生物安全通用要求》

3　原理

布鲁杆菌可以引起人和动物的布鲁氏菌病。细菌主要通过生殖道分泌物、流产胎儿、胎盘、精液和尿液等途径传播；动物感染后，大多呈隐性感染，少数可表现临床症状。布鲁杆菌的诊断方法包括病原鉴定和血清学试验。病原鉴定有显微镜检查、细菌分离、聚合酶链反应（PCR）等检测方法。由于布鲁杆菌的分离需要在生物安全 3 级实验室操作，所以推荐使用 PCR 方法进行病原鉴定。

4　主要设备和材料

4.1　主要设备

4.1.1　生物安全柜

4.1.2　高速冷冻离心机

4.1.3　PCR 仪

4.1.4　移液器（200μL、10μL、1mL）

4.1.5　PCR 管

4.2　试剂

4.2.1　布鲁杆菌抗原：包括犬种、牛种、羊种和猪种布鲁杆菌抗原。

4.2.2 细菌基因组 DNA 提取：商品化基因组 DNA 提取试剂盒。

4.2.3 引物

引物名称	引物序列（5′–3′）	扩增子大小（bp）
2ab	ACTGACGGATCCGCGCTCAGGCGGCCGACGCAA	
2ab200	ACTGACTTCGAAACCAGCCATTGCGGTCGGTAC	220bp
2ab600	ACTGAAGCTTAGCCGTCGATGTGGTAGT	650bp
2ab900	ACTGACTTCGAATTGCCTTTTCGGGGGCAATGA	910bp

4.2.4 试剂：PCR 试剂包括 *Taq* 酶、dNTP、ddH_2O 和 10×buffer；限制性内切酶包括 *Kpn*I 和 *Eco*RI。

5 检测程序

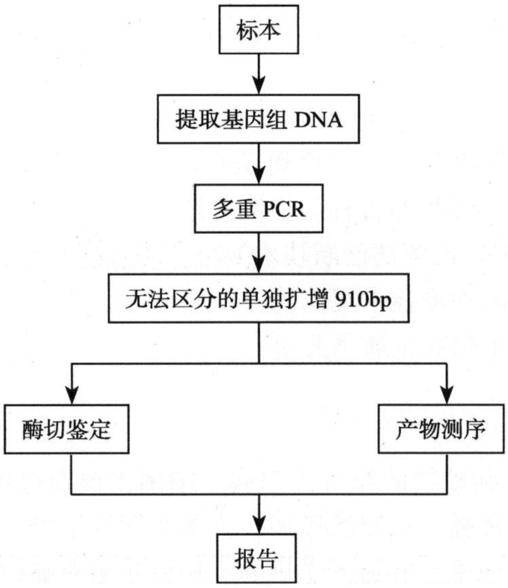

6 操作步骤

6.1 采样 采取 EDTA 抗凝血、流产胎盘、胎膜、精液、奶、关节液和水囊瘤液等。

6.2 DNA 提取 菌液可直接提取，样本需进行研磨处理，具体提取步骤参照试剂盒使用说明。

6.3 PCR 反应体系

试剂名称	浓度	50μL 内体积（1×）
Buffer（含 Mg^{2+}）	10×	5μL
dNTP	各 2.5mmol/L	4μL
2ab	10μmol/L	2.5μL
2ab200	10μmol/L	2.5μL

续表

试剂名称	浓度	50μL 内体积（1×）
2ab600	10μmol/L	2.5μL
2ab900	10μmol/L	2.5μL
Taq HS DNA 聚合酶	5U/μL	2.5μL
Nuclease-Free Water	/	23.5μL
模板 DNA	0.3pg/μL~300ng/μL	5μL

6.4 PCR 反应条件：94℃ 5min；94℃ 30s，68℃ 30s，72℃ 2min，重复 35 个循环；72℃ 7min。

6.5 多重 PCR 产物示意图

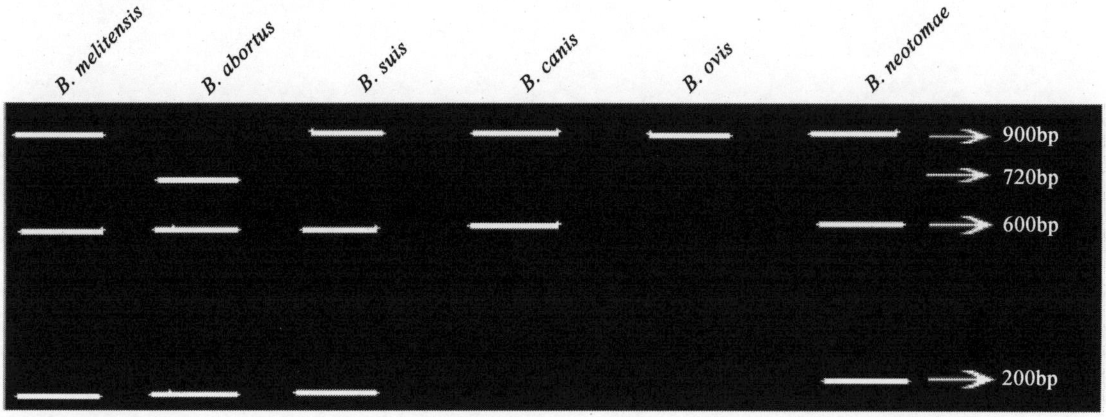

6.6 酶切鉴定

如果多重 PCR 扩增结果相同，则用限制性内切酶对 910bp 片段进行组合酶切，酶切反应体系及条件参照限制性内切酶说明书，*Kpn*I 只能切开沙林鼠种（690）和羊种（712），在猪型上没有酶切位点；*Eco*RI 在沙林鼠种上的酶切位点是 458，在另两型上有两个酶切位点，分别是猪种（450，652），羊种（243，455）；利用组合酶切的方式可以区分沙林鼠种、猪种和羊种。

6.7 PCR 产物测序 将 PCR 产物送公司进行测序，并进行序列比对。

6.8 涉及生物安全的操作，按 GB 19489 规定执行。

7 结果报告

当 7.1 和 7.2 成立时，检测结果有效，对结果进行判读。

7.1 阳性对照相对应目的条带；

7.2 阴性空白对照无条带；

7.3 待检样品出现相应条带时，如果难以区分是哪个种的布氏，需进行酶切鉴定；

7.4 可疑样品 PCR 产物需送公司进行测序；

7.5 当测序结果和 PCR 结果都确定为布鲁杆菌时，判定为布鲁杆菌阳性结果。

ICS 65.020.30
B　44

中国实验动物学会团体标准

T/CALAS 24—2017

实验动物　螺杆菌PCR检测方法

Laboratory animal - PCR methods for *Helicobacter* sp.

2017-05-18　发布　　　　2017-05-18　实施

中国实验动物学会　发布

前　　言

本标准按照 GB/T 1.1—2009 给出的规则编写。

本标准附录 A 为规范性附录。

本标准由中国实验动物学会归口。

本标准由全国实验动物标准化技术委员会（SAC/TC281）技术审查。

本标准由中国实验动物学会实验动物标准化专业委员会提出并组织起草。

本标准主要起草单位：广东省实验动物监测所、中国食品药品检定研究院。

本标准主要起草人：黄韧、岳秉飞、袁文、张钰、郭鹏举、饶丹、伍妙梨、王吉、付瑞、王淑菁、李晓波。

实验动物　螺杆菌 PCR 检测方法

1　范围

本标准规定了实验动物螺杆菌普通 PCR 和实时荧光 PCR 检测方法。

本标准适用于实验动物及其产品、细菌培养物、实验动物环境和动物源性生物制品中螺杆菌的检测。

2　规范性引用文件

下列文件对于本文件的应用是必不可少的。凡是注明日期的引用文件，仅注日期的版本适用于本文件。凡是不注日期的引用文件，其最新版本（包括所有的修改单）适用于本文件。

GB 19489 《实验室 生物安全通用要求》

GB/T 19495.2 《转基因产品检测　实验室技术要求》

3　术语、定义和缩略语

3.1　术语和定义

下列术语和定义适用于本标准。

3.1.1

聚合酶链式反应 polymerase chain reaction，PCR

体外酶催化合成特异 DNA 片段的方法，模板 DNA 先经高温变性成为单链，在 DNA 聚合酶作用和适宜的反应条件下，根据模板序列设计的两条引物分别与模板 DNA 两条链上相应的一段互补序列发生退火而相互结合，接着在 DNA 聚合酶的作用下以四种 dNTP 为底物，使引物得以延伸，然后不断重复变性、退火和延伸这一循环，使欲扩增的基因片段以几何倍数扩增。简称普通 PCR。

3.1.2

实时荧光聚合酶链式反应 real-time PCR

在常规 PCR 的基础上，在反应体系中加入特异性荧光探针，利用荧光信号积累实时检测整个 PCR 进程，通过检测每次循环中的荧光发射信号，间接反映了 PCR 扩增的目标基因的量，最后通过扩增曲线对未知模板进行定性或定量分析。简称实时荧光 PCR。

3.1.3

Ct 值 cycle threshold

实时荧光 PCR 反应中每个反应管内的荧光信号达到设定的阈值时所经历的循环数。

3.2　缩略语

下列缩略语适用于本标准。

3.2.1 DNA 脱氧核糖核酸（deoxyribonucleic acid）
3.2.2 PBS 磷酸盐缓冲液（phosphate buffered saline）

4 检测方法原理

普通 PCR：是用合适的方法提取样本中的总 DNA，针对螺杆菌 16sRNA 基因设计特异的引物序列，通过 PCR 对模板 DNA 进行扩增，根据 PCR 检测结果判定该样品中是否含有螺杆菌属核酸成分，然后，根据不同种的螺杆菌基因序列设计特异的种鉴别引物，判定为哪一个种的螺杆菌。

实时荧光 PCR 方法是在常规 PCR 的基础上，加入了一条特异性的荧光探针，探针两端分别标记一个报告荧光基团和一个淬灭荧光基团。探针完整时，报告基团发射的荧光信号被淬灭基团吸收；PCR 扩增时，*Taq* 酶的 5' → 3' 外切酶活性将探针酶切降解，使报告荧光基团和淬灭荧光基团分离，淬灭作用消失，荧光信号产生并被检测仪器接受，随着 PCR 反应的循环进行，PCR 产物与荧光信号的增长呈对应关系。因此，可以通过检测荧光信号对核酸模板进行检测。

5 主要设备和材料

5.1 PCR 仪。
5.2 实时荧光 PCR 仪。
5.3 电泳仪。
5.4 凝胶成像分析系统。
5.5 高速冷冻离心机。
5.6 普通离心机。
5.7 恒温孵育器。
5.8 漩涡振荡器。
5.9 组织匀浆器。
5.10 生物安全柜。
5.11 PCR 超净工作台。
5.12 冰箱（-20℃）。
5.13 微量移液器（0.1~2μL、1~10μL、10~100μL、100~1000μL）。
5.14 灭菌离心管（1.5mL、2mL、5mL、15mL），灭菌吸头（10μL、200μL、1mL），灭菌 PCR 扩增反应管（0.2 mL，八连管或 96 孔板）。
5.15 聚乙烯薄膜袋：90mm × 150mm 自封袋，使用前紫外灭菌 20min。
5.16 采样工具：剪刀、镊子和灭菌棉拭子等。

6 试剂

除特别说明外，所有实验用试剂均为分析纯；实验用水为去离子水。

6.1 灭菌 PBS。配制方法见附录 A。
6.2 DNA 抽提试剂：基因组 DNA 提取试剂盒 DNeasy Blood & Tissue Kit 或其他等效产品。

6.3　无水乙醇。

6.4　PCR 试剂：Premix Taq ™（Version 2.0 plus dye）或其他等效产品。

6.5　实时荧光 PCR 试剂：TaqMan® Universal PCR Master Mix 或其他等效产品。

6.6　DNA 相对分子质量标准：100~2000bp。

6.7　50 × TAE 电泳缓冲液，配制方法见附录 A。

6.8　溴化乙锭：10mg/mL，配制方法见附录 A，或其他等效产品。

6.9　1.5% 琼脂糖凝胶，配制方法见附录 A。

6.10　引物和探针：根据表 1 和表 2 的序列合成引物和探针，引物和探针加无灭菌去离子水配制成 10μmol/L 储备液，–20℃保存。

表 1　普通 PCR 检测引物

细菌	引物名称	引物序列（5’→3’）	产物大小（bp）
螺杆菌属（*Helicobacter genus*）	H-F	CTATGACGGGTATCCGGC	780
	H-R	CTCACGACACGAGCTGAC	
肝螺杆菌（*H. hepaticus*）	Hh-F	ATGGGTAAGAAAATAGCAAAAAGATTGCAA	705
	Hh-R	CTATTTCATATCCATAAGCTCTTGAGAATC	
胆汁螺杆菌（*H. bilis*）	Hb-F	ATGGAACAGATAAAGATTTTAAAGCAACTTCAG	435
	Hb-R	CTATGCAAGTTGTGCGTTAAGCAT	
啮齿类螺杆菌（*H. rodentium*）	Hr-F	TTGTGAAATGGAGCAAATCTTAAAAACT	191
	Hr-R	TAGCCAGTTTGGCATTCC	
小家鼠螺杆菌（*H. muridarum*）	Hm-F	ATGACAAAAAAATATTCTTTCACAAAACTATTCATTGGT	807
	Hm-R	TTTATTTTAGATTCCATTTAACTGCTAAATCATCAATAGT	
盲肠螺杆菌（*H. typhlonius*）	Ht-F	AGGGACTCTTAAATATGCTCCTAGAGT	122
	Ht-R	ATTCATCGTGTTTGAATGCGTCAA	

表 2　实时荧光 PCR 检测引物和探针

细菌	引物和探针名称	引物和探针序列（5’→3’）	产物大小（bp）
肝螺杆菌（*H. hepaticus*）	正向引物 AI89KFO_F	ACGGGTTGTGAAGCTTTTACTGATA	86
	反向引物 AI89KFO_R	CCTTGAGTGCGGATACAAATCG	
	探针 AI89KFO_M	FAM–AAGGCTACGCACATTCA–MGB–NFQ	

注：探针也可选用具有与 FAM 荧光基团相同检测效果的其他合适的荧光报告基团。

7　检测方法

7.1　生物安全措施　实验操作及处理按照 GB 19489 的规定，由具备相关资质的工作人员进行相应操作。

7.2 采样及样本的处理 采样过程中样本不得交叉污染，采样及样本前处理过程中须戴一次性手套。

7.2.1 脏器组织

剖检，无菌采集动物的胃和肠，剪取待检样本 2.0g 于无菌 5mL 离心管，加入 4mL 灭菌 PBS，使用电动匀浆器充分匀浆 1~2min，然后将组织悬液在 4℃，3000r/min 离心 10min，取上清液转入另一无菌 5mL 离心管中，编号备用。

7.2.2 胃内容物、肠内容物或粪便

无菌采集动物胃内容物、肠内容物或粪便，取待检样本 2.0g 于无菌 5mL 离心管，加入 4mL 灭菌 PBS，使用电动匀浆器充分匀浆 1~2min，12 000r/min 离心 10min，取上清液转入另一无菌 5mL 离心管中，编号备用。

7.2.3 螺杆菌分离培养物

经选择性培养基培养的固体菌落或液体培养物，或待鉴定的纯化培养物，取适量样本装于无菌 1.5mL 离心管中，编号备用。

7.2.4 实验动物环境

7.2.4.1 实验动物饲料、垫料和饮水

取适量实验动物饲料和垫料置于聚乙烯薄膜袋中，加入适量灭菌 PBS（饲料和垫料需全部浸泡于液体中）。密封后浸泡 5~10min，充分混匀，将混悬液转移至 15mL 离心管中，静置 30min，取上清液转入另一无菌 5mL 离心管中，编号备用。取适量实验动物饮水直接转移到无菌 5mL 离心管中，编号备用。

7.2.4.2 实验动物设施设备

用灭菌棉拭子拭取实验动物设施设备出风口初效滤膜表面沉积物，将拭子置入灭菌 15mL 离心管，加入适量灭菌 PBS，浸泡 5~10min，充分混匀，取出棉拭子，将离心管静置 30min，取上清液转入另一无菌 5mL 离心管中，编号备用。

7.2.5 样本的存放

采集或处理的样本在 2~8℃条件下保存应不超过 24h，若需长期保存，须放置 –20℃冰箱，但应避免反复冻融（冻融不超过 3 次）。

7.3 样本 DNA 提取。

7.3.1 取 50~100μL 的样本至 1.5mL 或 2mL 离心管中，加 20μL 蛋白酶 K，用 PBS 补加至 220μL。

7.3.2 加入 200μL 缓冲液 AL，涡旋震荡充分混匀，56℃孵育 10min。

7.3.3 加入 200μL 的无水乙醇，涡旋震荡充分混匀。

7.3.4 移取步骤 7.3.3 的混合液至离心柱上，离心柱放在 2mL 收集管上。≥ 6000*g*（8000r/min）离心 1min。弃收集管 / 液。

7.3.5 离心柱放至新的 2mL 收集管上，加 500μL 的缓冲液 AW1，≥ 6000*g*（8000r/min）离心 1min。弃收集管 / 液。

7.3.6 离心柱放至新的 2mL 收集管上，加 500μL 的缓冲液 AW2，20 000*g*（14 000r/min）离心 3min。弃收集管 / 液。

7.3.7 将离心柱放在一个新的 1.5mL 离心管上，吸 200μL 的缓冲液 AE 在吸附膜上，室温

孵育 1min，≥ 6000*g*（8000r/min）离心 1min。制备好的 DNA 应尽快进行下一步 PCR 反应，若暂时不能进行 PCR 反应，应于 –20℃冰箱保存备用。

注：该 DNA 提取方法是针对 DNA 提取试剂盒 DNeasy Blood & Tissue Kit 给出的，可使用其他等效的 DNA 提取试剂盒进行，提取方法可做相应调整。

7.4　普通 PCR

7.4.1　PCR 反应体系

PCR 反应体系见表 3。反应液的配制在冰上操作，每次反应同时设计阳性对照、阴性对照和空白对照，其中阳性对照以含有螺杆菌的组织或培养物提取的 DNA 作为阳性对照模板，其中阴性对照以不含有螺杆菌 DNA 样本（可以是正常动物组织或正常培养物）作为阴性对照模板，空白对照即为不加模板对照（no template control，NTC），即在反应中用水来代替模板。

表 3　每个样本反应体系配制表

反应组分	用量（μL）	终浓度
2 × Premix *Taq* Mix（plus dye）	25	1 ×
正向引物（10μmol/L）	2	400nmol/L
反向引物（10μmol/L）	2	400nmol/L
DNA 模板	10	
灭菌去离子水	11	
总体积	50	

7.4.2　PCR 反应参数

PCR 反应参数见表 4。

表 4　PCR 反应参数

步骤	温度	时间	循环数
预变性	94℃	5min	1
变性	94℃	1min	35
退火	55℃	1min	
延伸	72℃	1min	
延伸	72℃	10min	1

注：可使用其他等效的 PCR 检测试剂进行，反应体系和反应参数可做相应调整。

7.4.3　PCR 产物的琼脂糖凝胶电泳检测和拍照

将适量 50 × TAE 稀释成 1 × TAE 溶液，配制含核酸染料溴化乙锭的 1.5% 琼脂糖凝胶。PCR 反应结束后，取 10μL PCR 产物在 1.5% 琼脂糖凝胶进行电泳检测，以 DNA 分子量作参照。电压大小根据电泳槽长度来确定，一般控制在 3~5V/cm，当上样染料移动到凝胶边缘时关闭电源。电泳完成后在凝胶成像系统拍照记录电泳结果。

7.5　实时荧光 PCR

7.5.1　实时荧光 PCR 反应体系

实时荧光 PCR 反应体系见表 5。反应液的配制在冰上操作，每次反应同时设计阳性对照、阴性对照和空白对照，其中阳性对照以含有螺杆菌的组织或细胞培养物提取的 DNA 作为阳性对照模板，其中阴性对照以不含有螺杆菌 DNA 样本（可以是正常动物组织或正常细胞培养物）作为阴性对照模板，空白对照即为不加模板对照（no template control，NTC），即在反应中用水来代替模板。

表 5 每个样本反应体系配制表

反应组分	用量（μL）	终浓度
2 × TaqMan universal PCR master mix	25	1 ×
正向引物（10μmol/L）	2	400nmol/L
反向引物（10μmol/L）	2	400nmol/L
探针（10μmol/L）	1	200nmol/L
DNA 模板	2.5	
灭菌去离子水	17.5	
总体积	50	

7.5.2 实时荧光 PCR 反应参数

实时荧光 PCR 反应参数见表 6。

表 6 实时荧光 PCR 反应参数

步骤	温度	时间	采集荧光信号	循环数
UNG 酶防污染	50℃	2min	否	1
预变性	95℃	10min	否	1
变性	95℃	15s		40
退火，延伸	60℃	1min	是	

注：可使用其他等效的实时荧光 PCR 检测试剂盒进行，反应体系和反应参数可做相应调整。试验检测结束后，根据收集的荧光曲线和 Ct 值判定结果。

8 结果判定

8.1 普通 PCR

8.1.1 质控标准

所有引物中，阴性对照和空白对照未出现条带，阳性对照出现相应大小（各引物的扩增产物大小见表 1）的目的扩增条带则表明反应体系运行正常，否则此次试验无效，需重新进行普通 PCR 扩增。

8.1.2 结果判定

8.1.2.1 用螺杆菌属（*Helicobacter* sp.）特异引物检测被检样本出现 780bp 条带时，判定为螺杆菌属核酸阳性，否则为核酸阴性。

8.1.2.2 用肝螺杆菌（*H. hepaticus*）特异引物检测被检样本出现 705bp 条带时，判定为肝螺杆菌核酸阳性，否则为核酸阴性。

8.1.2.3　用胆汁螺杆菌（*H. bilis*）特异引物检测被检样本出现 435bp 条带时，判定为胆汁螺杆菌核酸阳性，否则为核酸阴性。

8.1.2.4　用啮齿类螺杆菌（*H. rodentium*）特异引物检测被检样本出现 191bp 条带时，判定为啮齿类螺杆菌核酸阳性，否则为核酸阴性。

8.1.2.5　用小家鼠螺杆菌（*H. muridarum*）特异引物检测被检样本出现 807bp 条带时，判定为小家鼠螺杆菌核酸阳性，否则为核酸阴性。

8.1.2.6　用盲肠螺杆菌（*H. typhlonius*）特异引物检测被检样本出现 122bp 条带时，判定为盲肠螺杆菌核酸阳性，否则为核酸阴性。

8.2　实时荧光 PCR

8.2.1　结果分析和条件设定

直接读取检测结果，基线和阈值设定原则根据仪器的噪声情况进行调整，以阈值线刚好超过正常阴性样本扩增曲线的最高点为准。

8.2.2　质控标准

8.2.2.1　空白对照无 Ct 值，并且无荧光扩增曲线，一直为水平线。

8.2.2.2　阴性对照无 Ct 值，并且无荧光扩增曲线，一直为水平线。

8.2.2.3　阳性对照 Ct 值应≤ 35，并且有明显的荧光扩增曲线，则表明反应体系运行正常，否则此次试验无效，需重新进行实时荧光 PCR 扩增。

8.2.3　结果判定

8.2.3.1　若待检测样本无荧光扩增曲线，则判定样本肝螺杆菌。

8.2.3.2　若待检测样本有荧光扩增曲线，且 Ct 值应≤ 35 时，则判断样本肝螺杆菌核酸阳性。

8.2.3.3　若待检测样本 Ct 值介于 35 和 40 之间时，应重新进行实时荧光 RT-PCR 检测。重新检测后，若 Ct 值≥ 40 时，则判定样本肝螺杆菌核酸阳性。重新检测后的 Ct 值仍介于 35 和 40 之间，则判定样本肝螺杆菌核酸可疑阳性，需进一步进行序列测定。

8.3　序列测定

必要时，可取待检样本扩增出的阳性 PCR 产物进行核酸序列测定，序列结果与已公开发表的螺杆菌特异性片段序列进行比对，序列同源性在 90% 以上，可确诊待检样本螺杆菌核酸阳性，否则判定螺杆菌核酸阴性。

9　检测过程中防止交叉污染的措施

按照 CB/T 19495.2 中的要求执行。

附录 A

（规范性附录）

溶液的配制

A.1　0.02 mol/L pH7.2 磷酸盐缓冲液（PBS）的配制

A.1.1　A 液

0.2mol/L 磷酸二氢钠溶液：称取磷酸二氢钠（$NaH_2PO_4 \cdot H_2O$）27.6g，先加适量去离子水溶解，最后定容至1000mL，混匀。

A.1.2 B液

0.2mol/L 磷酸氢二钠溶液：称取磷酸氢二钠 $NaH_2PO_4 \cdot 7H_2O$ 53.6g（或 $Na_2HPO_4 \cdot 12H_2O$ 71.6g 或 $Na_2HPO_4 \cdot 2H_2O$ 35.6g），先加适量去离子水溶解，最后定容至1000mL，混匀。

A.1.3 0.02mol/L pH7.2 磷酸盐缓冲液（PBS）的配制

取A液14mL、B液36mL，加氯化钠（NaCl）8.5g，加800mL无离子水溶解稀释，用HCl调pH至7.2，最后定容至1000mL，经121℃高压灭菌15min，冷却备用。

A.2 50×TAE 电泳缓冲液

A.2.1 0.5mol/L 乙二铵四乙酸二钠（EDTA）溶液（pH8.0）

乙二铵四乙酸二钠（$EDTA\text{-}Na_2 \cdot H_2O$）	18.61g
灭菌去离子水	80mL
5mol/L 氢氧化钠溶液	调pH至8.0

灭菌去离子加至100mL，121℃，15min灭菌备用。

A.2.2 50×TAE 电泳缓冲液配制

羟基甲基氨基甲烷（Tris）	242g
冰乙酸	57.1mL
0.5mol/L EDTA 溶液，pH8.0	100mL

灭菌去离子加至1000mL，121℃，15min灭菌备用。

用时用灭菌去离子水稀释至1×使用。

A.3 溴化乙锭（EB）溶液（10μg/μL）

溴化乙锭	20mg
灭菌去离子水	20mL

A.4 含0.5μg/mL 溴化乙锭的1.5% 琼脂糖凝胶的配制

琼脂糖	1.5g
1×TAE 电泳缓冲液	加至100mL

混合后加热至完全融化，待冷至50~55℃时，加溴化乙锭（EB）溶液5μL，轻轻晃动摇匀，避免产生气泡，将梳子置入电泳槽中，然后将琼脂糖溶液倒入电泳板上，待凝固后取下梳子备用。

参考文献

Feng S，Kendall LV，Hodzic E，et al. 2004. Recombinant Helicobacter bilis protein P167 for mouse serodiagnosis in a multiplex microbead assay. Clin Diagn Lab Immun，11：1094-1099.

Feng S，Ku K，Hodzic E，et al.2005. Differential detection of five mouse-infecting helicobacter species by multiplex PCR. Clin Diagn Lab Immun，12：531-536.

Fox JG，Dewhirst FE，Tully JG，et al.1994. *Helicobacter hepaticus* sp. nov.，a microaerophilic bacterium isolated from livers and intestinal mucosal scrapings from mice. J Clin Microbiol，32：1238-1245.

Fox JG，Yan L，Shames B，et al. 1996.Persistent hepatitis and enterocolitis in germfree mice infected with Helicobacter hepaticus. Infect Immun，64：3673-3681.

Livingston RS，Riley LK，Hook RR Jr，et al.1999. Cloning and expression of an immunogenic membraneassociated protein of *Helicobacter hepaticus* for use in an enzymelinked immunosorbent assay. Clin Diagn Lab Immun，6：745-750.

Ward JM，Fox JG，Anver MR，et al. 1994b. Chronic active hepatitis and associated liver tumors in mice caused by a persistent bacterial infection with a novel Helicobacter species. J Natl Cancer Inst，86：1222-1227.

ICS 65.020.30
B 44

中国实验动物学会团体标准

T/CALAS 25—2017

实验动物 小鼠肝炎病毒 PCR 检测方法

Laboratory animals - PCR method for detection of Murine Hepatitis Virus

2017-05-18 发布 2017-05-18 实施

中国实验动物学会 发布

前　　言

本标准按照 GB/T 1.1—2009 给出的规则编写。

本标准附录 A 为规范性附录。

本标准由中国实验动物学会归口。

本标准由全国实验动物标准化技术委员会（SAC/TC281）技术审查。

本标准由中国实验动物学会实验动物标准化专业委员会提出并组织起草。

本标准主要起草单位：广东省实验动物监测所、中国农业科学院哈尔滨兽医研究所。

本标准主要起草人：王静、袁文、黄韧、张钰、伍妙梨、郭鹏举、韩凌霞、王伟。

实验动物　小鼠肝炎病毒 PCR 检测方法

1　范围

本标准规定了实验动物小鼠肝炎病毒实时荧光 RT-PCR 检测方法。

本标准适用于实验动物及其产品、细胞培养物、实验动物环境和动物源性生物制品中小鼠肝炎病毒的检测。

2　规范性引用文件

下列文件对于本文件的应用是必不可少的。凡是注明日期的引用文件，仅注日期的版本适用于本文件。凡是不注日期的引用文件，其最新版本（包括所有的修改单）适用于本文件。

GB 19489 《实验室 生物安全通用要求》

GB/T 19495.2 《转基因产品检测 实验室技术要求》

3　术语、定义和缩略语

3.1　术语和定义

3.1.1

聚合酶链式反应 polymerase chain reaction，PCR

体外酶催化合成特异 DNA 片段的方法，模板 DNA 先经高温变性成为单链，在 DNA 聚合酶作用和适宜的反应条件下，根据模板序列设计的两条引物分别与模板 DNA 两条链上相应的一段互补序列发生退火而相互结合，接着在 DNA 聚合酶的作用下以四种 dNTP 为底物，使引物得以延伸，然后不断重复变性、退火和延伸这一循环，使欲扩增的基因片段以几何倍数扩增。

3.1.2

逆转录-聚合酶链式反应 reverse transcription polymerase chain reaction，RT-PCR

以 RNA 为模板，采用 Oligo（dT）、随机引物或特异性引物，RNA 在逆转录酶和适宜反应条件下，被逆转录成 cDNA，然后再以 cDNA 作为模板，进行 PCR 扩增。

3.1.3

实时荧光逆转录-聚合酶链式反应 real-time RT-PCR，实时荧光 RT-PCR

实时荧光 RT-PCR 方法是在常规 RT-PCR 的基础上，在反应体系中加入特异性荧光探针，利用荧光信号积累实时检测整个 PCR 进程，通过检测每次循环中的荧光发射信号，间接反映了 PCR 扩增的目标基因的量，最后通过扩增曲线对未知模板进行定性或定量分析。

3.1.4

Ct 值 cycle threshold

实时荧光 PCR 反应中每个反应管内的荧光信号达到设定的阈值时所经历的循环数。

3.2 缩略语

下列缩略语适用于本标准。

CPE 细胞病变效应（cytopathic effect）

DEPC 焦碳酸二乙酯（diethyl pyrocarbonate）

DNA 脱氧核糖核酸（deoxyribonucleic acid）

MHV 小鼠肝炎病毒（murine hepatitis virus）

PBS 磷酸盐缓冲液（phosphate buffered saline）

RNA 核糖核酸（ribonucleic acid）

4 检测方法原理

根据小鼠肝炎病毒保守序列 M 蛋白基因，设计合成一对特异性引物和一条特异性探针，探针两端分别标记一个报告荧光基团和一个淬灭荧光基团。探针完整时，报告基团发射的荧光信号被淬灭基团吸收；PCR 扩增时，*Taq* 酶的 5'→3' 外切酶活性将探针酶切降解，使报告荧光基团和淬灭荧光基团分离，淬灭作用消失，荧光信号产生并被检测仪器接受，随着 PCR 反应的循环进行，PCR 产物与荧光信号的增长呈对应关系。因此，可以通过检测荧光信号对核酸模板进行检测。

5 主要设备和材料

5.1 实时荧光 PCR 仪。

5.2 高速冷冻离心机。

5.3 普通离心机。

5.4 恒温孵育器。

5.5 漩涡振荡器。

5.6 组织匀浆器。

5.7 生物安全柜。

5.8 PCR 超净工作台。

5.9 超低温冰箱（–80℃）。

5.10 微量移液器（0.1~2μL、1~10μL、10~100μL、100~1000μL）。

5.11 无 RNase 的离心管（1.5mL、2mL、5mL、15mL），无 RNase 的吸头（10μL、200μL、1mL），无 RNase 的 PCR 扩增反应管（0.2 mL，八连管或 96 孔板）。

5.12 聚乙烯薄膜袋：90mm × 150mm 自封袋，使用前紫外灭菌 20min。

5.13 采样工具：剪刀、镊子和灭菌棉拭子等。

6 试剂

除特别说明外，所有实验用试剂均为分析纯；实验用水为去离子水。

6.1 灭菌 PBS。见附录 A。

6.2 无 RNase 去离子水：经 DEPC 处理的去离子水或商品无 RNase 水。见附录 A。

6.3 RNA 抽提试剂 TRIzol 或其他等效产品。

6.4 无水乙醇。

6.5 75% 乙醇（无 RNase 去离子水配制）。

6.6 三氯甲烷（氯仿）。

6.7 异丙醇。

6.8 实时荧光 RT-PCR 试剂：One Step Primerscript^{TM} RT-PCR Kit（Perfect Realtime）或其他等效产品。

6.9 引物和探针：根据表 1 的序列合成引物和探针，引物和探针加无 RNase 去离子水配制成 10μmol/L 储备液，–20℃保存。

表 1 实时荧光 RT-PCR 扩增引物和探针

引物和探针名称	引物和探针序列（5'→3'）	产物大小（bp）
正向引物	GGAACTTCTCGTTGGGCATTATACT	108
反向引物	ACCACAAGATTATCATTTTCACAACATA	
探针	FAM -ACATGCTACGGCTCGTGTAACCGAACTGT-BHQ-1	

注：探针也可选用具有与 FAM 和 BHQ-1 荧光基团相同检测效果的其他合适的荧光报告基团和荧光淬灭基团组合。

7 检测方法

7.1 生物安全措施

实验操作及处理按照 GB 19489 的规定，由具备相关资质的工作人员进行相应操作。

7.2 采样及样本的处理

采样过程中样本不得交叉污染，采样及样本前处理过程中须戴一次性手套。

7.2.1 脏器组织

活体动物采用安乐死方法进行处死，剖检，无菌采集动物的肠系膜淋巴结、肝脏、脾脏和肠，剪取待检样本 2.0g 于无菌 5mL 离心管，加入 4mL 灭菌 PBS，使用电动匀浆器充分匀浆 1~2min，然后将组织悬液在 4℃，3000r/min 离心 10min，取上清液转入另一无菌 5mL 离心管中，编号备用。

7.2.2 盲肠内容物或粪便

无菌采集动物盲肠内容物或粪便，取待检样本 2.0g 于无菌 5mL 离心管，加入 4mL 灭菌 PBS，使用电动匀浆器充分匀浆 1~2min，12 000r/min 离心 10min，取上清液转入另一无菌 5mL 离心管中，编号备用。

7.2.3 细胞培养物

方法一：直接刮取样本接种后出现 CPE 或可疑的细胞培养物于 15mL 离心管中，3000r/min 离心 10min，去上清，加 1mL 灭菌 PBS 重悬细胞，然后将细胞悬液转移到无菌 1.5mL 离心管中，编号备用。

方法二：将样本接种后出现 CPE 或可疑的细胞培养物反复冻融三次，细胞混悬液转移于 15mL 离心管中，12 000r/min 离心 10min，去细胞碎片，上清液转移到无菌 15mL 离心管中，编号备用。

7.2.4 实验动物环境

7.2.4.1 实验动物饲料、垫料和饮水

取适量实验动物饲料和垫料置于聚乙烯薄膜袋中，加入适量灭菌 PBS（饲料和垫料需全部浸泡于液体中）。密封后浸泡 5~10min，充分混匀，将混悬液转移至 15mL 离心管中，4℃，12 000r/min 离心 10min，取上清液转入另一无菌 5mL 离心管中，编号备用。取适量实验动物饮水直接转移到无菌 5mL 离心管中，编号备用。

7.2.4.2 实验动物设施设备

用灭菌棉拭子拭取实验动物设施设备出风口初效滤膜表面沉积物，将拭子置入灭菌 15mL 离心管，加入适量灭菌 PBS，浸泡 5~10min，充分混匀，取出棉拭子，将离心管于 4℃，12 000r/min 离心 10min，取上清液转入另一无菌 5mL 离心管中，编号备用。

7.2.5 样本的存放

采集或处理的样本在 2~8℃条件下保存应不超过 24h，若需长期保存，须放置 –80℃冰箱，但应避免反复冻融（冻融不超过 3 次）。

7.3 样本 RNA 提取 TRIzol 对人体有害，使用时应戴一次性手套，注意防止溅出。

7.3.1 取 200μL 处理后的样本加 1mL TRIzol 后，充分混匀，室温静置 10min 使其充分裂解。

7.3.2 按 200μL 氯仿 /mL TRIzol 加入氯仿，盖紧样本管盖，用手用力振荡摇晃离心管 15s，禁用漩涡振荡器，以免基因组 RNA 断裂。室温静置 5min。4℃ 12 000r/min 离心 15min。

7.3.3 离心后混合物分成三层：下层红色的苯酚 - 氯仿层，中间层，上层无色的水样层。RNA 存在于水样层当中，水样层的容量大约为所加 TRIzol 容量的 60%。吸取上层水相，至另一离心管中，注意不要吸取中间界面。

7.3.4 按 0.5mL 异丙醇 /mL TRIzol 加入异丙醇混匀，室温放置 10min。 4℃ 12 000r/min 离心 10min，弃上清，RNA 沉淀一般形成一胶状片状沉淀附着于试管壁和管底。

7.3.5 按 1mL 75% 乙醇 /mL TRIzol 加入 75% 乙醇，温和振荡离心管，悬浮沉淀。 4℃ 7500r/min 离心 5min，弃上清，将离心管倒立吸水纸上，尽量使液体流干。

7.3.6 室温自然风干干燥 5~10min，注意 RNA 样本不要过于干燥，否则很难溶解。

7.3.7 用 50~100μL 无 RNase 去离子水溶解 RNA 样本，制备好的 RNA 应尽快进行下一步 PCR 反应，若暂时不能进行 PCR 反应，应于 –80℃冰箱保存备用。

7.4 实时荧光 RT-PCR

7.4.1 实时荧光 RT-PCR 反应体系

一步法实时荧光 RT-PCR 反应体系见表 2。反应液的配制在冰上操作，每次反应同时设计阳性对照、阴性对照和空白对照，其中阳性对照以含有小鼠肝炎病毒的组织或细胞培养物提取的 RNA 作为阳性对照模板，其中阴性对照以不含有小鼠肝炎病毒 RNA 样本（可以是正常动物组织或正常细胞培养物）作为阴性对照模板，空白对照即为不加模板对照（no template control，NTC），即在反应中用水来代替模板。

表 2 每个样品反应体系配制表

反应组分	用量（μL）	终浓度
2 × One Step RT-PCR Buffer Ⅲ	25	1 ×
Ex Taq HS（5U/μL）	1	
PrimeScriptRT Enzyme Mix Ⅱ	1	
正向引物（10μmol/L）	2	400nmol/L
反向引物（10μmol/L）	2	400nmol/L
探针（10μmol/L）	2	400nmol/L
Rox	1	
RNA 模板	10	
无 RNase 去离子水	6	
总体积	50	

注：试剂 Rox 只在具有 Rox 荧光校正通道的实时荧光 PCR 仪上进行扩增时添加，否则用水补齐。

7.4.2 实时荧光 RT-PCR 反应参数

实时荧光 RT-PCR 反应参数见表 3。

表 3 实时荧光 RT-PCR 反应参数

步骤	温度	时间	采集荧光信号	循环数
逆转录	42℃	5min	否	1
预变性	95℃	30s		1
变性	95℃	5s		40
退火，延伸	60℃	34s	是	

注：可使用其他等效的一步法或两步法实时荧光 RT-PCR 检测试剂盒进行，反应体系和反应参数可做相应调整。试验检测结束后，根据收集的荧光曲线和 Ct 值判定结果。

8 结果判定

8.1 结果分析和条件设定

直接读取检测结果，基线和阈值设定原则根据仪器的噪声情况进行调整，以阈值线刚好超过正常阴性样品扩增曲线的最高点为准。

8.2 质控标准

8.2.1 空白对照无 Ct 值，并且无荧光扩增曲线，一直为水平线。

8.2.2 阴性对照无 Ct 值，并且无荧光扩增曲线，一直为水平线。

8.2.3 阳性对照 Ct 值应≤ 35，并且有明显的荧光扩增曲线，则表明反应体系运行正常，否则此次试验无效，需重新进行实时荧光 RT-PCR 扩增。

8.3 结果判定

8.3.1 若待检测样本无荧光扩增曲线，则判定样本小鼠肝炎病毒核酸阴性。

8.3.2 若待检测样本有荧光扩增曲线，且 Ct 值应≤ 35 时，则判断样本小鼠肝炎病毒核酸阳性。

8.3.3 若待检测样本 Ct 值介于 35 和 40 之间时，应重新进行实时荧光 RT-PCR 检测。重新检测后，若 Ct 值≥ 40 时，则判定样本小鼠肝炎病毒核酸阴性。重新检测后的 Ct 值仍介于 35 和 40 之间，则判定样本小鼠肝炎病毒核酸可疑阳性，需进一步进行序列测定。。

8.4 序列测定

必要时，可取待检样本扩增出的阳性 PCR 产物进行核酸序列测定，序列结果与已公开发表的小鼠肝炎病毒特异性片段序列进行比对，序列同源性在 90% 以上，可确诊待检样本小鼠肝炎病毒核酸阳性，否则判定小鼠肝炎病毒核酸阴性。

9 检测过程中防止交叉污染的措施

按照 GB/T 19495.2 中的要求执行。

附录 A

（规范性附录）

溶液的配制

A.1 0.02 mol/L pH7.2 磷酸盐缓冲液（PBS）的配制

A.1.1 A 液

0.2mol/L 磷酸二氢钠溶液：称取磷酸二氢钠（$NaH_2PO_4 \cdot H_2O$）27.6g，先加适量去离子水溶解，最后定容至 1000mL，混匀。

A.1.2 B 液

0.2mol/L 磷酸氢二钠溶液：称取磷酸氢二钠 $NaH_2PO_4 \cdot 7H_2O$ 53.6g（或 $Na_2HPO_4 \cdot 12H_2O$ 71.6g 或 $Na_2HPO_4 \cdot 2H_2O$ 35.6g），先加适量去离子水溶解，最后定容至 1000mL，混匀。

A.1.3 0.02 mol/L pH7.2 磷酸盐缓冲液（PBS）的配制

取 A 液 14mL，B 液 36mL，加氯化钠（NaCl）8.5g，加 800mL 无离子水溶解稀释，用 HCl 调 pH 至 7.2，最后定容至 1000mL，经 121℃高压灭菌 15min，冷却备用。

A.2 无 RNase 去离子水的配制

实验用去离子水按体积比 0.1% 加入 DEPC 摇匀，室温静置过夜，121 ℃高压灭菌 15min，冷却备用。

参 考 文 献

邵伟娟，高诚，陈鸿书，等.2000.RT-PCR 方法在小鼠肝炎病毒检测中的应用.上海实验动物科学，20（3）：141-143.

邵伟娟，高诚，陆国平，等 . 2000. 小鼠肝炎病毒 RT-PCR 检测方法的建立和比较研究 . 中国实验动物学报，8（1）：26-30.

田克恭 .1992. 实验动物病毒性疾病 . 北京：中国农业出版社，76-83.

姚玉霞，丛斌，彭郁葱，等 . 1998. 逆转录 - 聚合酶链反应检测鼠肝炎病毒方法的建立 . 中国实验动物学报，6（2）：13-17.

Barthold SW，Smith AL，Povar ML.1985. Enterotropic mouse hepatitis virus infection in nude mice. Lab Anim Sci，35（6）：613-618.

Casebolt DB，Qian B，Stephensen CB.1997. Detection of enterotropic mouse hepatitis virus fecal excretion by polymerase chain reaction. Lab Anim Sci，47（1）：6-10.

GB 14922.2—2011 实验动物微生物学等级及监测 .

GB/T 14926.22—2001 实验动物 小鼠肝炎病毒检测方法 .

Homberger FR，Smith AL，Barthold SW.1991.Detection of rodent coronaviruses in tissues and cell cultures by using polymerase chain reaction. J Clin Microbiol，29（12）：2789-2793.

Huang DS，Emancipator SN，Fletcher DR，et al.1996. Hepatic pathology resulting from mouse hepatitis virus S infection in severe combined immunodeficiency mice. Lab Anim Sci，46（2）：167-173.

Kunita S，Terada E，Goto K，et al.1992.Sequence analysis and molecular detection of mouse hepatitis virus using the polymerase chain reaction. Lab Anim Sci，42（6）：593-598.

Wang RF，Campbell WL，Cao WW，et al. 1999.Diagnosis of mouse hepatitis virus contamination in mouse population by using nude mice and RT-PCR. Mol Cell Probes，13（1）：29-33.

Yamada YK，Yabe M，Takimoto K，et al. 1998.Application of nested polymerase chain reaction to detection of mouse hepatitis virus in fecal specimens during a natural outbreak in an immunodeficient mouse colony. Exp Anim，47（4）：261-264.

Yamada YK，Yabe M，Yamada A，et al. 1993.Detection of mouse hepatitis virus by the polymerase chain reaction and its application to the rapid diagnosis of infection. Lab Anim Sci，43（4）：285-290.

ICS 65.020.30
B 44

中国实验动物学会团体标准

T/CALAS 26—2017

实验动物 小鼠脑脊髓炎病毒 PCR检测方法

Laboratory animal - PCR method for detection of Theiler's Murine Encephalomyelitis Virus

2017-05-18 发布 2017-05-18 实施

中国实验动物学会 发布

前　言

本标准按照 GB/T1.1—2009 给出的规则编写。

本标准附录 A 为规范性附录。

本标准由中国实验动物学会归口。

本标准由全国实验动物标准化技术委员会（SAC/TC281）技术审查。

本标准由中国实验动物学会实验动物标准化专业委员会提出并组织起草。

本标准主要起草单位：广东省实验动物监测所、中国农业科学院哈尔滨兽医研究所。

本标准主要起草人：张钰、袁文、黄韧、尹雪琴、王静、郭鹏举、陈洪岩、王伟。

实验动物　小鼠脑脊髓炎病毒 PCR 检测方法

1　范围

本标准规定了实验动物小鼠脑脊髓炎病毒实时荧光 RT-PCR 检测方法。

本标准适用于实验动物及其产品、细胞培养物、实验动物环境和动物源性生物制品中小鼠脑脊髓炎病毒的检测。

2　规范性引用文件

下列文件对于本文件的应用是必不可少的。凡是注明日期的引用文件，仅注日期的版本适用于本文件。凡是不注日期的引用文件，其最新版本（包括所有的修改单）适用于本文件。

GB 19489 《实验室 生物安全通用要求》

GB/T 19495.2 《转基因产品检测 实验室技术要求》

3　术语、定义和缩略语

3.1　术语和定义

下列术语和定义适合于本标准。

3.1.1

聚合酶链式反应 polymerase chain reaction，PCR

体外酶催化合成特异 DNA 片段的方法，模板 DNA 先经高温变性成为单链，在 DNA 聚合酶作用和适宜的反应条件下，根据模板序列设计的两条引物分别与模板 DNA 两条链上相应的一段互补序列发生退火而相互结合，接着在 DNA 聚合酶的作用下以四种 dNTP 为底物，使引物得以延伸，然后不断重复变性、退火和延伸这一循环，使欲扩增的基因片段以几何倍数扩增。

3.1.2

逆转录 - 聚合酶链式反应 reverse transcription polymerase chain reaction，RT-PCR

以 RNA 为模板，采用 Oligo（dT）、随机引物或特异性引物，RNA 在逆转录酶和适宜反应条件下，被逆转录成 cDNA，然后再以 cDNA 作为模板，进行 PCR 扩增。简称 RT-PCR。

3.1.3

实时荧光逆转录 - 聚合酶链式反应 real-time RT-PCR，实时荧光 RT-PCR

在常规 RT-PCR 的基础上，在反应体系中加入特异性荧光探针，利用荧光信号积累实时检测整个 PCR 进程，通过检测每次循环中的荧光发射信号，间接反映了 PCR 扩增的目标基因的量，最后通过扩增曲线对未知模板进行定性或定量分析。简称实时荧光 RT-PCR。

3.1.4

Ct 值 cycle threshold

实时荧光 PCR 反应中每个反应管内的荧光信号达到设定的阈值时所经历的循环数。

3.2 缩略语

下列缩略语适用于本标准。

CPE 细胞病变效应（cytopathic effect）

DEPC 焦碳酸二乙酯（diethyl pyrocarbonate）

DNA 脱氧核糖核酸（deoxyribonucleic acid）

PBS 磷酸盐缓冲液（phosphate buffered saline）

RNA 核糖核酸（ribonucleic acid）

TMEV 小鼠脑脊髓炎病毒（Theiler's murine encephalomyelitis virus）

4 检测方法原理

根据小鼠脑脊髓炎病毒非编码蛋白（UTR）基因序列，设计合成一对特异性引物和一条特异性探针，探针两端分别标记一个报告荧光基团和一个淬灭荧光基团。探针完整时，报告基团发射的荧光信号被淬灭基团吸收；PCR 扩增时，*Taq* 酶的 5' → 3' 外切酶活性将探针酶切降解，使报告荧光基团和淬灭荧光基团分离，淬灭作用消失，荧光信号产生并被检测仪器接受，随着 PCR 反应的循环进行，PCR 产物与荧光信号的增长呈对应关系。因此，可以通过检测荧光信号对核酸模板进行检测。

5 主要设备和材料

5.1 实时荧光 PCR 仪。

5.2 高速冷冻离心机。

5.3 普通离心机。

5.4 恒温孵育器。

5.5 漩涡振荡器。

5.6 组织匀浆器。

5.7 生物安全柜。

5.8 PCR 超净工作台。

5.9 超低温冰箱（-80℃）。

5.10 微量移液器（0.1~2μL、1~10μL、10~100μL、100~1000μL）。

5.11 无 RNase 的离心管（1.5mL、2mL、5mL、15mL），无 RNase 的吸头（10μL、200μL、1mL），无 RNase 的 PCR 扩增反应管（0.2 mL，八连管或 96 孔板）。

5.12 聚乙烯薄膜袋：90mm × 150mm 自封袋，使用前紫外灭菌 20min。

5.13 采样工具：剪刀、镊子和灭菌棉拭子等。

6　试剂

除特别说明外，所有实验用试剂均为分析纯；实验用水为去离子水。

6.1　灭菌 PBS。见附录 A。

6.2　无 RNase 去离子水：经 DEPC 处理的去离子水或商品无 RNase 水。见附录 A。

6.3　RNA 抽提试剂 TRIzol 或其他等效产品。

6.4　无水乙醇。

6.5　75% 乙醇（无 RNase 去离子水配制）。

6.6　三氯甲烷（氯仿）。

6.7　异丙醇。

6.8　实时荧光 RT-PCR 试剂：One Step Primerscript™ RT-PCR Kit（Perfect Realtime）或其他等效产品。

6.9　引物和探针：根据表 1 的序列合成引物和探针，引物和探针加无 RNase 去离子水配制成 10μmol/L 储备液，−20℃保存。

表 1　实时荧光 RT-PCR 扩增引物和探针

引物和探针名称	引物和探针序列（5’→3’）
正向引物	CTTGTTGAAGTGTTTCCCTCC
反向引物	GGGAGGCATGATGGTAGTTT
探针	FAM-TCGCGACGTGGTTGGAGATCTAA-BHQ-1

注：探针也可选用具有与 FAM 和 BHQ-1 荧光基团相同检测效果的其他合适的荧光报告基团和荧光淬灭基团组合。

7　检测方法

7.1　生物安全措施

实验操作及处理按照 GB 19489 的规定，由具备相关资质的工作人员进行相应操作。

7.2　采样及样本的处理

采样过程中样本不得交叉污染，采样及样本前处理过程中须戴一次性手套。

7.2.1　脏器组织

剖检，无菌采集动物的肠系膜淋巴结、肝脏、脾脏和肠，剪取待检样本 2.0g 于无菌 5mL 离心管，加入 4mL 灭菌 PBS，使用电动匀浆器充分匀浆 1~2min，然后将组织悬液在 4℃，3000r/min 离心 10min，取上清液转入另一无菌 5mL 离心管中，编号备用。

7.2.2　盲肠内容物或粪便

无菌采集动物盲肠内容物或粪便，取待检样本 2.0g 于无菌 5mL 离心管，加入 4mL 灭菌 PBS，使用电动匀浆器充分匀浆 1~2min，12 000r/min 离心 10min，取上清液转入另一无菌 5mL 离心管中，编号备用。

7.2.3　细胞培养物

方法一：直接刮取样本接种后出现 CPE 或可疑的细胞培养物于 15mL 离心管中，

3000r/min 离心 10min，去上清，加 1mL 灭菌 PBS 重悬细胞，然后将细胞悬液转移到无菌 1.5mL 离心管中，编号备用。

方法二：将样本接种后出现 CPE 或可疑的细胞培养物反复冻融三次，细胞混悬液转移于 15mL 离心管中，12 000r/min 离心 10min，去细胞碎片，上清液转移到无菌 15mL 离心管中，编号备用。

7.2.4 实验动物环境

7.2.4.1 实验动物饲料、垫料和饮水

取适量实验动物饲料和垫料置于聚乙烯薄膜袋中，加入适量灭菌 PBS（饲料和垫料需全部浸泡于液体中）。密封后浸泡 5~10min，充分混匀，将混悬液转移至 15mL 离心管中，4℃，12 000r/min 离心 10min，取上清液转入另一无菌 5mL 离心管中，编号备用。取适量实验动物饮水直接转移到无菌 5mL 离心管中，编号备用。

7.2.4.2 实验动物设施设备

用灭菌棉拭子拭取实验动物设施设备出风口初效滤膜表面沉积物，将拭子置入灭菌 15mL 离心管，加入适量灭菌 PBS，浸泡 5~10min，充分混匀，取出棉拭子，将离心管于 4℃，12 000r/min 离心 10min，取上清液转入另一无菌 5mL 离心管中，编号备用。

7.2.5 样本的存放

采集或处理的样本在 2~8℃条件下保存应不超过 24h，若需长期保存，须放置 −80℃冰箱，但应避免反复冻融（冻融不超过 3 次）。

7.3 样本 RNA 提取

TRIzol 对人体有害，使用时应戴一次性手套，注意防止溅出。

7.3.1 取 200μL 处理后的样本加 1mL TRIzol 后，充分混匀，室温静置 10min，使其充分裂解。

7.3.2 按 200μL 氯仿 /mL TRIzol 加入氯仿，盖紧样本管盖，用手用力振荡摇晃离心管 15s，禁用漩涡振荡器，以免基因组 RNA 断裂。室温静置 5min。4℃ 12 000r/min 离心 15min。

7.3.3 离心后混合物分成三层：下层红色的苯酚 - 氯仿层，中间层，上层无色的水样层。RNA 存在于水样层当中，水样层的容量大约为所加 TRIzol 容量的 60%。吸取上层水相，至另一离心管中，注意不要吸取中间界面。

7.3.4 按 0.5mL 异丙醇 /mL TRIzol 加入异丙醇混匀，室温放置 10min。4℃ 12 000r/min 离心 10min，弃上清，RNA 沉淀一般形成一胶状片状沉淀附着于试管壁和管底。

7.3.5 按 1mL 75% 乙醇 /mL TRIzol 加入 75% 乙醇，温和振荡离心管，悬浮沉淀。4℃ 7500r/min 离心 5min，弃上清，将离心管倒立吸水纸上，尽量使液体流干。

7.3.6 室温自然风干干燥 5~10min，注意 RNA 样本不要过于干燥，否则很难溶解。

7.3.7 用 50~100μL 无 RNase 去离子水溶解 RNA 样本，制备好的 RNA 应尽快进行下一步 PCR 反应，若暂时不能进行 PCR 反应，应于 −80℃冰箱保存备用。

7.4 实时荧光 RT-PCR

7.4.1 实时荧光 RT-PCR 反应体系

一步法实时荧光 RT-PCR 反应体系见表 2。反应液的配制在冰上操作，每次反应同时设计阳性对照、阴性对照和空白对照，其中阳性对照以含有小鼠脑脊髓炎病毒的组织或细胞培养物提取的 RNA 作为阳性对照模板，其中阴性对照以不含有小鼠脑脊髓炎病毒 RNA 样本（可以是正常动物组织或正常细胞培养物）作为阴性对照模板，空白对照即为不加模板对照（no template control，NTC），即在反应中用水来代替模板。

表 2 每个样本反应体系配制表

反应组分	用量 /μL	终浓度
2 × One Step RT-PCR Buffer III	25	1 ×
Ex Taq HS（5 U/μL）	1	
PrimeScriptRT Enzyme Mix II	1	
正向引物（10μmol/L）	1	200nmol/L
反向引物（10μmol/L）	1	200nmol/L
探针（10μmol/L）	1.25	250nmol/L
Rox	1	
RNA 模板	8	
无 RNase 去离子水	10.75	
总体积	50	

注：试剂 Rox 只在具有 Rox 荧光校正通道的实时荧光 PCR 仪上进行扩增时添加，否则用水补齐。

7.4.2 实时荧光 RT-PCR 反应参数

实时荧光 RT-PCR 反应参数见表 3。

表 3 实时荧光 RT-PCR 反应参数

步骤	温度	时间	采集荧光信号	循环数
逆转录	42℃	5min	否	1
预变性	95℃	30s		1
变性	95℃	5s		40
退火，延伸	60℃	34s	是	

注：可使用其他等效的一步法或两步法 RT-PCR 检测试剂盒进行，反应体系和反应参数可做相应调整。试验检测结束后，根据收集的荧光曲线和 Ct 值判定结果。

8 结果判定

8.1 结果分析和条件设定 直接读取检测结果，基线和阈值设定原则根据仪器的噪声情况进行调整，以阈值线刚好超过正常阴性样本扩增曲线的最高点为准。

8.2 质控标准

8.2.1 空白对照无 Ct 值，并且无荧光扩增曲线，一直为水平线。

8.2.2 阴性对照无 Ct 值，并且无荧光扩增曲线，一直为水平线。

8.2.3 阳性对照 Ct 值应≤ 35，并且有明显的荧光扩增曲线，则表明反应体系运行正常，否则此次试验无效，需重新进行实时荧光 RT-PCR 扩增。

8.3 结果判定

8.3.1 若待检测样本无荧光扩增曲线，则判定样本小鼠脑脊髓炎病毒核酸阴性。

8.3.2 若待检测样本有荧光扩增曲线，且 Ct 值应≤ 35 时，则判断样本小鼠脑脊髓炎病毒核酸阳性。

8.3.3 若待检测样本 Ct 值介于 35 和 40 之间时，应重新进行实时荧光 RT-PCR 检测。重新检测后，若 Ct 值≥ 40 时，则判定样本小鼠脑脊髓炎病毒核酸阴性。重新检测后的 Ct 值仍介于 35 和 40 之间，则判定样本小鼠脑脊髓炎病毒核酸可疑阳性，需进一步进行序列测定。

8.4 序列测定

必要时，可取待检样本扩增出的阳性 PCR 产物进行核酸序列测定，序列结果与已公开发表的小鼠脑脊髓炎病毒特异性片段序列进行比对，序列同源性在 90% 以上，可确诊待检样本小鼠脑脊髓炎病毒核酸阳性，否则判定小鼠脑脊髓炎病毒核酸阴性。

9 检测过程中防止交叉污染的措施

按照 GB/T 19495.2 中的要求执行。

附录 A

（规范性附录）

溶液的配制

A.1 0.02 mol/L pH7.2 磷酸盐缓冲液（PBS）的配制

A.1.1 A 液

0.2mol/L 磷酸二氢钠溶液：称取磷酸二氢钠（$NaH_2PO_4 \cdot H_2O$）27.6g，先加适量去离子水溶解，最后定容至 1000 mL，混匀。

A.1.2 B 液

0.2mol/L 磷酸氢二钠溶液：称取磷酸氢二钠 $NaH_2PO_4 \cdot 7H_2O$ 53.6g（或 $Na_2HPO_4 \cdot 12H_2O$ 71.6g 或 $Na_2HPO_4 \cdot 2H_2O$ 35.6g），先加适量去离子水溶解，最后定容至 1000mL，混匀。

A.1.3 0.02mol/L pH7.2 磷酸盐缓冲液（PBS）的配制

取 A 液 14mL，B 液 36mL，加氯化钠（NaCl）8.5g，加 800mL 无离子水溶解稀释，用 HCl 调 pH 至 7.2，最后定容至 1000mL，经 121℃高压灭菌 15min，冷却备用。

A.2 无 RNase 去离子水的配制

实验用去离子水按体积比 0.1% 加入 DEPC 摇匀，室温静置过夜，121℃高压灭菌 15min，冷却备用。

参考文献

田克恭 . 1992. 实验动物病毒性疾病 . 北京：中国农业出版社，76-83.

袁文，张钰，王静，等 .2012. 小鼠脑脊髓炎病毒非编码蛋白（UTR）片段实时荧光定量 PCR 标准品的构建 .

实验动物与比较医学，32（1）：1-6.

Bootz F，Sieber I，Popovic D，et al. 2003. Comparison of the sensitivity of *in vivo* antibody production tests with *in vitro* PCR-based methods to detect infectious contamination of biological materials. Laboratory animals，37：341-351.

GB 14922.2-2011 实验动物微生物学等级及监测 .

GB/T 14926.26-2001 实验动物 小鼠脑脊髓炎病毒检测方法 .

Trottier M，Schlitt BP，Lipton HL.2002. Enhanced detection of Theiler's virus RNA copy equivalents in the mouse central nervous system by real-time RT-PCR. Virol Methods，103（1）：89-99.

ICS 65.020.30
B 44

中国实验动物学会团体标准

T/CALAS 27—2017

实验动物　小鼠细小病毒 MPV 株 PCR 检测方法

Laboratory animal - PCR method for detection of Murine Parvovirus

2017-05-18　发布　　2017-05-18　实施

中国实验动物学会　发布

前　　言

本标准按照 GB/T 1.1—2009 给出的规则编写。

本标准附录 A 为规范性附录。

本标准由中国实验动物学会归口。

本标准由全国实验动物标准化技术委员会（SAC/TC281）技术审查。

本标准由中国实验动物学会实验动物标准化专业委员会提出并组织起草。

本标准主要起草单位：广东省实验动物监测所、中国农业科学院哈尔滨兽医研究所。

本标准主要起草人：袁文、黄韧、张钰、郭鹏举、王静、王伟、陈洪岩。

实验动物　小鼠细小病毒 MPV 株 PCR 检测方法

1　范围

本标准规定了实验动物小鼠细小病毒 MPV 株实时荧光 PCR 检测方法。

本标准适用于实验动物及其产品、细胞培养物、实验动物环境和动物源性生物制品中小鼠细小病毒 MPV 株的检测。

2　规范性引用文件

下列文件对于本文件的应用是必不可少的。凡是注明日期的引用文件，仅注日期的版本适用于本文件。凡是不注日期的引用文件，其最新版本（包括所有的修改单）适用于本文件。

GB 19489 《实验室 生物安全通用要求》

GB/T 19495.2 《转基因产品检测 实验室技术要求》

3　术语、定义和缩略语

3.1　术语和定义

下列术语和定义适合于本标准。

3.1.1

聚合酶链式反应 polymerase chain reaction，PCR

体外酶催化合成特异 DNA 片段的方法，模板 DNA 先经高温变性成为单链，在 DNA 聚合酶作用和适宜的反应条件下，根据模板序列设计的两条引物分别与模板 DNA 两条链上相应的一段互补序列发生退火而相互结合，接着在 DNA 聚合酶的作用下以四种 dNTP 为底物，使引物得以延伸，然后不断重复变性、退火和延伸这一循环，使欲扩增的基因片段以几何倍数扩增。

3.1.2

实时荧光聚合酶链式反应 real-time PCR

在常规 PCR 的基础上，在反应体系中加入特异性荧光探针，利用荧光信号积累实时检测整个 PCR 进程，通过检测每次循环中的荧光发射信号，间接反映了 PCR 扩增的目标基因的量，最后通过扩增曲线对未知模板进行定性或定量分析。简称实时荧光 PCR。

3.1.3

Ct 值 cycle threshold

实时荧光 PCR 反应中每个反应管内的荧光信号达到设定的阈值时所经历的循环数。

3.2　缩略语

下列缩略语适用于本标准。

CPE 细胞病变效应（cytopathic effect）
DNA 脱氧核糖核酸（deoxyribonucleic acid）
MPV 小鼠细小病毒 MPV 株（murine parvovirus）
PBS 磷酸盐缓冲液（phosphate buffered saline）

4 检测方法原理

根据小鼠细小病毒 MPV 株结构蛋白 VP2 基因序列，设计合成一对特异性引物和一条特异性探针，探针两端分别标记一个报告荧光基团和一个淬灭荧光基团。探针完整时，报告基团发射的荧光信号被淬灭基团吸收；PCR 扩增时，*Taq* 酶的 5' → 3' 外切酶活性将探针酶切降解，使报告荧光基团和淬灭荧光基团分离，淬灭作用消失，荧光信号产生并被检测仪器接受，随着 PCR 反应的循环进行，PCR 产物与荧光信号的增长呈对应关系。因此，可以通过检测荧光信号对核酸模板进行检测。

5 主要设备和材料

5.1 实时荧光 PCR 仪。
5.2 高速冷冻离心机。
5.3 普通离心机。
5.4 恒温孵育器。
5.5 漩涡振荡器。
5.6 组织匀浆器。
5.7 生物安全柜。
5.8 PCR 超净工作台。
5.9 冰箱（–20℃）。
5.10 微量移液器（0.1~2μL、1~10μL、10~100μL、100~1000μL）。
5.11 灭菌离心管（1.5mL、2mL、5mL、15mL），灭菌吸头（10μL、200μL、1mL），灭菌 PCR 扩增反应管（0.2 mL，八连管或 96 孔板）。
5.12 聚乙烯薄膜袋：90mm × 150mm 自封袋，使用前紫外灭菌 20min。
5.13 采样工具：剪刀、镊子和灭菌棉拭子等。

6 试剂

除特别说明外，所有实验用试剂均为分析纯；实验用水为去离子水。

6.1 灭菌 PBS。见附录 A。
6.2 DNA 抽提试剂：基因组 DNA 提取试剂盒 DNeasy Blood & Tissue Kit 或其他等效产品。
6.3 无水乙醇。
6.4 实时荧光 PCR 试剂：Premix Ex Taq™（Probe qPCR）或其他等效产品。
6.5 引物和探针：根据表 1 的序列合成引物和探针，引物和探针加入灭菌去离子水配制成 10μmol/L 储备液，–20℃保存。

表1　实时荧光PCR扩增引物和探针

引物和探针名称	引物和探针序列（5'→3'）	产物大小（bp）
正向引物	TGGTTGCTCTKGAYTCTAACAACATA	118
反向引物	TTAAAGTAGTACCTGTAAGGACTTGG	
探针	FAM-CCTTACACACCAGCAACAGACAACCAAGA-BHQ-1	

注1：简并碱基K：T/G；Y：T/C。

注2：探针也可选用具有与FAM和BHQ-1荧光基团相同检测效果的其他合适的荧光报告基团和荧光淬灭基团组合。

7　检测方法

7.1　生物安全措施

实验操作及处理按照GB 19489的规定，由具备相关资质的工作人员进行相应操作。

7.2　采样及样本的处理

采样过程中样本不得交叉污染，采样及样本前处理过程中须戴一次性手套。

7.2.1　脏器组织

剖检，无菌采集动物的肠系膜淋巴结、肾脏、脾脏和肝脏，剪取待检样本2.0g于无菌5mL离心管，加入4mL灭菌PBS，使用电动匀浆器充分匀浆1~2min，然后将组织悬液在4℃，3000r/min离心10min，取上清液转入另一无菌5mL离心管中，编号备用。

7.2.2　盲肠内容物或粪便

无菌采集动物盲肠内容物或粪便，取待检样本2.0g于无菌5mL离心管，加入4mL灭菌PBS，使用电动匀浆器充分匀浆1~2min，12 000r/min离心10min，取上清液转入另一无菌5mL离心管中，编号备用。

7.2.3　细胞培养物

方法一：直接刮取样本接种后出现CPE或可疑的细胞培养物于15mL离心管中，3000r/min离心10min，去上清，加1mL灭菌PBS重悬细胞，然后将细胞悬液转移到无菌1.5mL离心管中，编号备用。

方法二：将样本接种后出现CPE或可疑的细胞培养物反复冻融三次，细胞混悬液转移于15mL离心管中，12 000r/min离心10min，去细胞碎片，上清液转移到无菌15mL离心管中，编号备用。

7.2.4　实验动物环境

7.2.4.1　实验动物饲料、垫料和饮水

取适量实验动物饲料和垫料置于聚乙烯薄膜袋中，加入适量灭菌PBS（饲料和垫料需全部浸泡于液体中）。密封后浸泡5~10min，充分混匀，将混悬液转移至15mL离心管中，4℃，12 000r/min离心10min，取上清液转入另一无菌5mL离心管中，编号备用。取适量实验动物饮水直接转移到无菌5mL离心管中，编号备用。

7.2.4.2　实验动物设施设备

用灭菌棉拭子拭取实验动物设施设备出风口初效滤膜表面沉积物，将拭子置入灭菌15mL离心管，加入适量灭菌PBS，浸泡5~10min，充分混匀，取出棉拭子，将离心管于4℃，12 000r/min离心10min，取上清液转入另一无菌5mL离心管中，编号备用。

7.2.5 样本的存放

采集或处理的样本在2~8℃条件下保存应不超过24h，若需长期保存，须放置-80℃冰箱，但应避免反复冻融（冻融不超过3次）。

7.3 样本DNA提取。

7.3.1 取50~100μL的样本至1.5mL或2mL离心管中，加20μL蛋白酶K，用PBS补加至220μL。

7.3.2 加入200μL缓冲液AL，涡旋震荡充分混匀，56℃孵育10min。

7.3.3 加入200μL的无水乙醇，涡旋震荡充分混匀。

7.3.4 移取步骤7.3.3的混合液至离心柱上，离心柱放在2mL收集管上。≥6000*g*（8000r/min）离心1min。弃收集管/液。

7.3.5 离心柱放至新的2mL收集管上，加500μL的缓冲液AW1，≥6000*g*（8000r/min）离心1min。弃收集管/液。

7.3.6 离心柱放至新的2mL收集管上，加500μL的缓冲液AW2，20 000*g*（14 000r/min）离心3min。弃收集管/液。

7.3.7 将离心柱放在一个新的1.5mL离心管上，吸200μL的缓冲液AE在吸附膜上，室温孵育1min，≥6000*g*（8000r/min）离心1min。制备好的DNA应尽快进行下一步PCR反应，若暂时不能进行PCR反应，应于-20℃冰箱保存备用。

注：该DNA提取方法是针对DNA提取试剂盒DNeasy Blood & Tissue Kit给出的，可使用其他等效的DNA提取试剂盒进行，提取方法可做相应调整。

7.4 实时荧光PCR

7.4.1 实时荧光PCR反应体系

实时荧光PCR反应体系见表2。反应液的配制在冰上操作，每次反应同时设计阳性对照、阴性对照和空白对照，其中阳性对照以含有小鼠细小病毒MPV株的组织或细胞培养物提取的DNA作为阳性对照模板，其中阴性对照以不含有小鼠细小病毒MPV株DNA样本（可以是正常动物组织或正常细胞培养物）作为阴性对照模板，空白对照即为不加模板对照（no template control，NTC），即在反应中用水来代替模板。

表2 每个样本反应体系配制表

反应组分	用量（μL）	终浓度
2×Premix Ex Taq Mix	25	1×
正向引物（10μmol/L）	2	400nmol/L
反向引物（10μmol/L）	2	400nmol/L
探针（10μmol/L）	1	200nmol/L
Rox（50×）	1	1×
DNA模板	10	
灭菌去离子水	9	
总体积	50	

注：试剂Rox只在具有Rox荧光校正通道的实时荧光PCR仪上进行扩增时添加，否则用水补齐。

7.4.2 实时荧光PCR反应参数

实时荧光PCR反应参数：实时荧光PCR反应参数见表3：

表 3　实时荧光 PCR 反应参数

步骤	温度（℃）	时间（s）	采集荧光信号	循环数
预变性	95	30	否	1
变性	95	5		40
退火，延伸	60	34	是	

试验检测结束后，根据收集的荧光曲线和 Ct 值判定结果。

注：可使用其他等效的实时荧光 PCR 检测试剂盒进行，反应体系和反应参数可做相应调整。

8　结果判定

8.1　结果分析和条件设定

直接读取检测结果，基线和阈值设定原则根据仪器的噪声情况进行调整，以阈值线刚好超过正常阴性样本扩增曲线的最高点为准。

8.2　质控标准

8.2.1　空白对照无 Ct 值，并且无荧光扩增曲线，一直为水平线。

8.2.2　阴性对照无 Ct 值，并且无荧光扩增曲线，一直为水平线。

8.2.3　阳性对照 Ct 值应≤ 35，并且有明显的荧光扩增曲线，则表明反应体系运行正常，否则此次试验无效，需重新进行实时荧光 PCR 扩增。

8.3　结果判定

8.3.1　若待检测样本无荧光扩增曲线，则判定样本小鼠细小病毒 MPV 株核酸阴性。

8.3.2　若待检测样本有荧光扩增曲线，且 Ct 值应≤ 35 时，则判断样本小鼠细小病毒 MPV 株核酸阳性。

8.3.3　若待检测样本 Ct 值介于 35 和 40 之间时，应重新进行实时荧光 PCR 检测。重新检测后，若 Ct 值≥ 40 时，则判定样本小鼠细小病毒 MPV 株阴性。重新检测后的 Ct 值仍介于 35 和 40 之间，则判定样本小鼠细小病毒 MPV 株核酸可疑阳性，需进一步进行序列测定。

8.4　序列测定

必要时，可取待检样本扩增出的阳性 PCR 产物进行核酸序列测定，序列结果与已公开发表的小鼠细小病毒 MPV 株特异性片段序列进行比对，序列同源性在 90% 以上，可确诊待检样本小鼠细小病毒 MPV 株核酸阳性，否则判定小鼠细小病毒 MPV 株核酸阴性。

9　检测过程中防止交叉污染的措施

按照 GB/T 19495.2 中的要求执行。

附录 A

（规范性附录）

溶液的配制

A.1　0.02 mol/L pH7.2 磷酸盐缓冲液（PBS）的配制

A.1.1　A 液

0.2mol/L 磷酸二氢钠溶液：称取磷酸二氢钠（$NaH_2PO_4 \cdot H_2O$）27.6g，先加适量去离子水溶解，最后定容至 1000mL，混匀。

A.1.2 B 液

0.2mol/L 磷酸氢二钠溶液：称取磷酸氢二钠 $NaH_2PO_4 \cdot 7H_2O$ 53.6g（或 $Na_2HPO_4 \cdot 12H_2O$ 71.6g 或 $Na_2HPO_4 \cdot 2H_2O$ 35.6g），先加适量去离子水溶解，最后定容至 1000mL，混匀。

A.1.3 0.02mol/L pH7.2 磷酸盐缓冲液（PBS）的配制

取 A 液 14mL，B 液 36mL，加氯化钠（NaCl）8.5g，加 800mL 无离子水溶解稀释，用 HCl 调 pH 至 7.2，最后定容至 1000mL，经 121℃高压灭菌 15min，冷却备用。

参 考 文 献

Ball-Goodrich LJ，Hansen G，Dhawan R，et al.2002. Validation of an enzyme-linked immunosorbent assay for detection of mouse parvovirus infection in laboratory mice. Comp Med，52：160-166.

Ball-Goodrich LJ，Johnson E.1994.Molecular characterization of a newly recognized mouse parvovirus. J Virol，68：6476-6486.

Besselsen DG，Besch-Williford CL，et al.1995. Detection of newly recognized rodent parvoviruses by PCR.J Clin Microbiol，33（11）：2859-63.

Besselsen DG，Pintel DJ，Purdy GA，et al.1996.Molecular characterization of newly recognized rodent parvoviruses. J Gen Virol，77：899-911.

GB 14922.2—2011 实验动物微生物学等级及监测 .

McKisic MD，Lancki DW，Otto G，et al.1993. Identification and propagation of a putative immunosuppressive orphan parvovirus in cloned T cells. J Immunol，150：419-428.

McKisic MD，Paturzo FX，Smith AL.1996. Mouse parvovirus infection potentiates rejection of tumor allografts and modulates T cell effector functions. Transplant，61：292-299.

Riley LK，Knowles R，Purdy G，et al. 1996.Expression of recombinant parvovirus NS1 protein by a baculovirus and application to serologic testing of rodents. J Clin Microbiol，34：440-444.

Smith AL，Jacoby RO，Johnson EA，et al.1993. *In vivo* studies with an “orphan” parvovirus of mice. Lab Anim Sci，43：175-182.

ICS 65.020.30
B 44

中国实验动物学会团体标准

T/CALAS 28—2017

实验动物　小鼠细小病毒 MVM 株 PCR 检测方法

Laboratory animal - PCR methods for Minute Virus of Mice

2017-05-18　发布　　2017-05-18　实施

中国实验动物学会　发布

前　言

本标准按照 GB/T 1.1—2009 给出的规则编写。

本标准附录 A 为规范性附录。

本标准由中国实验动物学会归口。

本标准由全国实验动物标准化技术委员会（SAC/TC281）技术审查。

本标准由中国实验动物学会实验动物标准化专业委员会提出并组织起草。

本标准主要起草单位：广东省实验动物监测所，中国食品药品检定研究院。

本标准主要起草人：郭鹏举、张钰、黄韧、岳秉飞、袁文、王静、王吉、付瑞、王淑菁、李晓波。

实验动物　小鼠细小病毒 MVM 株 PCR 检测方法

1　范围

本标准规定了实验动物小鼠细小病毒 MVM 株普通 PCR 和实时荧光 PCR 检测方法。

本标准适用于实验动物及其产品、细胞培养物、实验动物环境和动物源性生物制品中小鼠细小病毒 MVM 株的检测。

2　规范性引用文件

下列文件对于本文件的应用是必不可少的。凡是注明日期的引用文件，仅注日期的版本适用于本文件。凡是不注日期的引用文件，其最新版本（包括所有的修改单）适用于本文件。

GB 19489 《实验室　生物安全通用要求》

GB/T 19495.2 《转基因产品检测　实验室技术要求》

3　术语、定义和缩略语

3.1　术语和定义

下列术语和定义适合于本标准。

3.1.1

聚合酶链式反应 polymerase chain reaction，PCR

体外酶催化合成特异 DNA 片段的方法，模板 DNA 先经高温变性成为单链，在 DNA 聚合酶作用和适宜的反应条件下，根据模板序列设计的两条引物分别与模板 DNA 两条链上相应的一段互补序列发生退火而相互结合，接着在 DNA 聚合酶的作用下以四种 dNTP 为底物，使引物得以延伸，然后不断重复变性、退火和延伸这一循环，使欲扩增的基因片段以几何倍数扩增。简称普通 PCR。

3.1.2

实时荧光聚合酶链式反应 real-time PCR

在常规 PCR 的基础上，在反应体系中加入特异性荧光探针，利用荧光信号积累实时检测整个 PCR 进程，通过检测每次循环中的荧光发射信号，间接反映了 PCR 扩增的目标基因的量，最后通过扩增曲线对未知模板进行定性或定量分析。简称实时荧光 PCR。

3.1.3

Ct 值 cycle threshold

实时荧光 PCR 反应中每个反应管内的荧光信号达到设定的阈值时所经历的循环数。

3.2　缩略语

下列缩略语适用于本标准。

CPE 细胞病变效应（cytopathic effect）
DNA 脱氧核糖核酸（deoxyribonucleic acid）
MVM 小鼠细小病毒 MVM 株（minute virus of mice）
PBS 磷酸盐缓冲液（phosphate buffered saline）

4 检测方法原理

用合适的方法提取样本中的总 DNA，针对小鼠细小病毒 MVM 株 VP1 基因设计特异的引物序列，通过 PCR 对模板 DNA 进行扩增，根据 PCR 检测结果判定该样品中是否含有小鼠细小病毒 MVM 株。

实时荧光 PCR 方法是在常规 PCR 的基础上，加入了一条特异性的荧光探针，探针两端分别标记一个报告荧光基团和一个淬灭荧光基团。探针完整时，报告基团发射的荧光信号被淬灭基团吸收；PCR 扩增时，*Taq* 酶的 5' → 3' 外切酶活性将探针酶切降解，使报告荧光基团和淬灭荧光基团分离，淬灭作用消失，荧光信号产生并被检测仪器接受，随着 PCR 反应的循环进行，PCR 产物与荧光信号的增长呈对应关系。因此，可以通过检测荧光信号对核酸模板进行检测。

5 主要设备和材料

5.1 PCR 仪。
5.2 实时荧光 PCR 仪。
5.3 电泳仪。
5.4 凝胶成像分析系统。
5.5 高速冷冻离心机。
5.6 普通离心机。
5.7 恒温孵育器。
5.8 漩涡振荡器。
5.9 组织匀浆器。
5.10 生物安全柜。
5.11 PCR 超净工作台。
5.12 冰箱（–20℃）。
5.13 微量移液器（0.1~2μL、1~10μL、10~100μL、100~1000μL）。
5.14 灭菌离心管（1.5mL、2mL、5mL、15mL），灭菌吸头（10μL、200μL、1mL），灭菌 PCR 扩增反应管（0.2mL，八连管或 96 孔板）。
5.15 聚乙烯薄膜袋：90mm × 150mm 自封袋，使用前紫外灭菌 20min。
5.16 采样工具：剪刀、镊子和灭菌棉拭子等。

6 试剂

除特别说明外，所有实验用试剂均为分析纯；实验用水为去离子水。

6.1 灭菌 PBS。配制方法见附录 A。

6.2 DNA抽提试剂：基因组DNA提取试剂盒DNeasy Blood & Tissue Kit或其他等效产品。

6.3 无水乙醇。

6.4 PCR试剂：Premix Taq ™（Version 2.0 plus dye）或其他等效产品。

6.5 实时荧光PCR试剂：Premix Ex Taq ™（Probe qPCR）或其他等效产品。

6.6 DNA相对分子质量标准：100~2000bp。

6.7 50×TAE电泳缓冲液，配制方法见附录A。

6.8 溴化乙锭：10mg/mL，配制方法见附录A，或其他等效产品。

6.9 1.5%琼脂糖凝胶，配制方法见附录A。

6.10 引物和探针：根据表1和表2的序列合成引物和探针，引物和探针加入灭菌去离子水配制成10μmol/L储备液，−20℃保存。

表1 普通PCR检测引物

引物名称	引物序列（5'→3'）	检测基因	产物大小（bp）
正向引物	CAATACAACAGCACATCAGTCAA	VP1	465
反向引物	CCTTTGGTGTTCCCATCACATT		

表2 实时荧光PCR扩增引物和探针

引物和探针名称	引物和探针序列（5'→3'）	产物大小（bp）
正向引物	GCCATACACACCTGCAGCAAA	73
反向引物	TGGYGATGCTATGGTTGGT	
探针	FAM-TCAATGGAAACACTTGGTTTCTACCCTTGGA-BHQ-1	

注1：简并碱基Y：T/C。

注2：探针也可选用具有与FAM和BHQ-1荧光基团相同检测效果的其他合适的荧光报告基团和荧光淬灭基团组合。

7 检测方法

7.1 生物安全措施

实验操作及处理按照GB 19489的规定，由具备相关资质的工作人员进行相应操作。

7.2 采样及样本的处理

采样过程中样本不得交叉污染，采样及样本前处理过程中须戴一次性手套。

7.2.1 脏器组织

剖检，无菌采集动物的肠系膜淋巴结、肾脏、脾脏和肝脏，剪取待检样本2.0g于无菌5mL离心管，加入4mL灭菌PBS，使用电动匀浆器充分匀浆1~2min，然后将组织悬液在4℃，3000r/min离心10min，取上清液转入另一无菌5mL离心管中，编号备用。

7.2.2 盲肠内容物或粪便

无菌采集动物盲肠内容物或粪便，取待检样本2.0g于无菌5mL离心管，加入4mL灭菌PBS，使用电动匀浆器充分匀浆1~2min，12 000r/min离心10min，取上清液转入另一无菌5mL离心管中，编号备用。

7.2.3 细胞培养物

方法一：直接刮取样本接种后出现CPE或可疑的细胞培养物于15mL离心管中，3000r/min离心10min，去上清，加1mL灭菌PBS重悬细胞，然后将细胞悬液转移到无菌1.5mL离心管中，编号备用。

方法二：将样本接种后出现CPE或可疑的细胞培养物反复冻融三次，细胞混悬液转移于15mL离心管中，12 000r/min离心10min，去细胞碎片，上清液转移到无菌15mL离心管中，编号备用。

7.2.4 实验动物环境

7.2.4.1 实验动物饲料、垫料和饮水

取适量实验动物饲料和垫料置于聚乙烯薄膜袋中，加入适量灭菌PBS（饲料和垫料需全部浸泡于液体中）。密封后浸泡5~10min，充分混匀，将混悬液转移至15mL离心管中，4℃，12 000r/min离心10min，取上清液转入另一无菌5mL离心管中，编号备用。取适量实验动物饮水直接转移到无菌5mL离心管中，编号备用。

7.2.4.2 实验动物设施设备

用灭菌棉拭子拭取实验动物设施设备出风口初效滤膜表面沉积物，将拭子置入灭菌15mL离心管，加入适量灭菌PBS，浸泡5~10min，充分混匀，取出棉拭子，将离心管于4℃，12 000r/min离心10min，取上清液转入另一无菌5mL离心管中，编号备用。

7.2.5 样本的存放

采集或处理的样本在2~8℃条件下保存应不超过24h，若需长期保存，须放置–80℃冰箱，但应避免反复冻融（冻融不超过3次）。

7.3 样本DNA提取。

7.3.1 取50~100μL的样本至1.5mL或2mL离心管中，加20μL蛋白酶K，用PBS补加至220μL。

7.3.2 加入200μL缓冲液AL，涡旋震荡充分混匀，56℃孵育10min。

7.3.3 加入200μL的无水乙醇，涡旋震荡充分混匀。

7.3.4 移取步骤7.3.3的混合液至离心柱上，离心柱放在2mL收集管上。≥6000*g*（8000r/min）离心1min。弃收集管/液。

7.3.5 离心柱放至新的2mL收集管上，加500μL的缓冲液AW1，≥6000*g*（8000r/min）离心1min。弃收集管/液。

7.3.6 离心柱放至新的2mL收集管上，加500μL的缓冲液AW2，20 000*g*（14 000r/min）离心3min。弃收集管/液。

7.3.7 将离心柱放在一个新的1.5离心管上，吸200μL的缓冲液AE在吸附膜上，室温孵育1min，≥6000*g*（8000r/min）离心1min。制备好的DNA应尽快进行下一步PCR反应，若暂时不能进行PCR反应，应于–20℃冰箱保存备用。

注：该DNA提取方法是针对DNA提取试剂盒DNeasy Blood & Tissue Kit给出的，可使用其他等效的DNA提取试剂盒进行，提取方法可做相应调整。

7.4 普通PCR

7.4.1 PCR反应体系

PCR反应体系见表3。反应液的配制在冰上操作，每次反应同时设计阳性对照、阴性对照和空白对照，其中阳性对照以含有MVM的组织或培养物提取的DNA作为阳性对照

模板，其中阴性对照以不含有 MVM DNA 样本（可以是正常动物组织或正常培养物）作为阴性对照模板，空白对照即为不加模板对照（no template control，NTC），即在反应中用水来代替模板。

表 3 每个样本反应体系配制表

反应组分	用量（μL）	终浓度
2 × Premix *Taq* Mix（plus dye）	25	1 ×
正向引物（10μmol/L）	2	400nmol/L
反向引物（10μmol/L）	2	400nmol/L
DNA 模板	10	
灭菌去离子水	11	
总体积	50	

7.4.2 PCR 反应参数

PCR 反应参数见表 4。

表 4 PCR 反应参数

步骤	温度（℃）	时间（min）	循环数
预变性	95	5	1
变性	94	1	35
退火	54	1	
延伸	72	1	
延伸	72	8	1

注：可使用其他等效的 PCR 检测试剂进行，反应体系和反应参数可做相应调整。

7.4.3 PCR 产物的琼脂糖凝胶电泳检测和拍照

将适量 50 × TAE 稀释成 1 × TAE 溶液，配制含核酸染料溴化乙锭的 1.5% 琼脂糖凝胶。PCR 反应结束后，取 10μL PCR 产物在 1.5% 琼脂糖凝胶进行电泳检测，以 DNA 分子量作参照。电压大小根据电泳槽长度来确定，一般控制在 3~5V/cm，当上样染料移动到凝胶边缘时关闭电源。电泳完成后在凝胶成像系统拍照记录电泳结果。

7.5 实时荧光 PCR

7.5.1 实时荧光 PCR 反应体系

实时荧光 PCR 反应体系见表 5。反应液的配制在冰上操作，每次反应同时设计阳性对照、阴性对照和空白对照，其中阳性对照以含有小鼠细小病毒 MVM 株的组织或细胞培养物提取的 DNA 作为阳性对照模板，其中阴性对照以不含有小鼠细小病毒 MVM 株 DNA 样本（可以是正常动物组织或正常细胞培养物）作为阴性对照模板，空白对照即为不加模板对照（no template control，NTC），即在反应中用水来代替模板。

表 5 每个样本反应体系配制表

反应组分	用量（μL）	终浓度
2 × Premix Ex Taq Mix	25	1 ×
正向引物（10μmol/L）	1	200nmol/L
反向引物（10μmol/L）	3	600nmol/L
探针（10μmol/L）	3	600nmol/L
Rox（50×）	1	1 ×
DNA 模板	10	
灭菌去离子水	7	
总体积	50	

注：试剂 Rox 只在具有 Rox 荧光校正通道的实时荧光 PCR 仪上进行扩增时添加，否则用水补齐。

7.5.2 实时荧光 PCR 反应参数

实时荧光 PCR 反应参数见表 6。

表 6 实时荧光 PCR 反应参数

步骤	温度（℃）	时间（s）	采集荧光信号	循环数
预变性	95	30	否	1
变性	95	5		40
退火，延伸	60	34	是	

注：可使用其他等效的实时荧光 PCR 检测试剂盒进行，反应体系和反应参数可做相应调整。试验检测结束后，根据收集的荧光曲线和 Ct 值判定结果。

8 结果判定

8.1 普通 PCR

8.1.1 质控标准

在阴性、阳性对照成立的条件下，即阳性对照的扩增产物经电泳检测可见到 465bp 扩增条带，阴性对照的扩增产物无任何条带，可进行结果判定。

8.1.2 结果判定

8.1.2.1 样本经琼脂糖凝胶电泳，在凝胶成像仪上观察到 465bp 扩增条带，判为小鼠细小病毒 MVM 株核酸阳性；

8.1.2.2 样本经琼脂糖凝胶电泳，在凝胶成像仪上未观察到 465bp 扩增条带，判为小鼠细小病毒 MVM 株核酸阴性。

8.2 实时荧光 PCR

8.2.1 结果分析和条件设定

直接读取检测结果，基线和阈值设定原则根据仪器的噪声情况进行调整，以阈值线刚好超过正常阴性样本扩增曲线的最高点为准。

8.2.2 质控标准

8.2.2.1 空白对照无 Ct 值，并且无荧光扩增曲线，一直为水平线。

8.2.2.2 阴性对照无 Ct 值，并且无荧光扩增曲线，一直为水平线。

8.2.2.3 阳性对照 Ct 值应≤ 35，并且有明显的荧光扩增曲线，则表明反应体系运行正常，否则此次试验无效，需重新进行实时荧光 PCR 扩增。

8.2.3 结果判定

8.2.3.1 若待检测样本无荧光扩增曲线，则判定小鼠细小病毒 MVM 株核酸阴性。

8.2.3.2 若待检测样本有荧光扩增曲线，且 Ct 值应≤ 35 时，则判断小鼠细小病毒 MVM 株核酸阳性。

8.2.3.3 若待检测样品 Ct 值介于 35 和 40 之间时，应重新进行实时荧光 PCR 检测。重新检测后，若 Ct 值≥ 40 时，则判定小鼠细小病毒 MVM 株核酸阴性。重新检测后的 Ct 值仍介于 35 和 40 之间，则判定小鼠细小病毒 MVM 株核酸可疑阳性，需进一步进行序列测定。

8.3 序列测定

必要时，可取待检样本扩增出的阳性 PCR 产物进行核酸序列测定，序列结果与已公开发表的 MVM 特异性片段序列进行比对，序列同源性在 90% 以上，可确诊待检样本小鼠细小病毒 MVM 株核酸阳性，否则判定小鼠细小病毒 MVM 株核酸阴性。

9 检测过程中防止交叉污染的措施

按照 GB/T 19495.2 中的要求执行。

附录 A

（规范性附录）

溶液的配制

A.1 0.02mol/L pH7.2 磷酸盐缓冲液（PBS）的配制

A.1.1 A 液

0.2mol/L 磷酸二氢钠溶液：称取磷酸二氢钠（$NaH_2PO_4 \cdot H_2O$）27.6g，先加适量去离子水溶解，最后定容至 1000mL，混匀。

A.1.2 B 液

0.2mol/L 磷酸氢二钠溶液：称取磷酸氢二钠 $Na_2HPO_4 \cdot 7H_2O$ 53.6g（或 $Na_2HPO_4 \cdot 12H_2O$ 71.6g 或 $Na_2HPO_4 \cdot 2H_2O$ 35.6g），先加适量去离子水溶解，最后定容至 1000mL，混匀。

A.1.3 0.02 mol/L pH7.2 磷酸盐缓冲液（PBS）的配制

取 A 液 14mL，B 液 36mL，加氯化钠（NaCl）8.5g，加 800mL 无离子水溶解稀释，用 HCl 调 pH 至 7.2，最后定容至 1000mL，经 121℃高压灭菌 15min，冷却备用。

A.2 50×TAE 电泳缓冲液

A.2.1 0.5mol/L 乙二铵四乙酸二钠（EDTA）溶液（pH8.0）

乙二铵四乙酸二钠（EDTA-Na_2·H_2O）	18.61g
灭菌去离子水	80mL
5mol/L 氢氧化钠溶液	调 pH 至 8.0

灭菌去离子加至 100mL，121℃，15min 灭菌备用。

A.2.2 50×TAE 电泳缓冲液配制

羟基甲基氨基甲烷（Tris）	242g
冰乙酸	57.1mL
0.5mol/L EDTA 溶液，pH8.0	100mL

灭菌去离子加至 1000mL，121℃，15min 灭菌备用。

用时用灭菌去离子水稀释至 1× 使用。

A.3 溴化乙锭（EB）溶液（10μg/μL）

溴化乙锭	20mg
灭菌去离子水	20mL

A.4 含 0.5 μg/mL 溴化乙锭的 1.5% 琼脂糖凝胶的配制

琼脂糖	1.5g

1×TAE 电泳缓冲液加至 100mL

混合后加热至完全融化，待冷至 50~55℃时，加溴化乙锭（EB）溶液 5μL，轻轻晃动摇匀，避免产生气泡，将梳子置入电泳槽中，然后将琼脂糖溶液倒入电泳板上，待凝固后取下梳子备用。

参考文献

田克恭 . 1992. 实验动物病毒性疾病 . 北京：中国农业出版社，76-83.

Ball-Goodrich LJ，Johnson E. 1994. Molecular characterization of a newly recognized mouse parvovirus. J Virol，68：6476-6486.

Besselsen DG，Besch-Williford CL，et al.1995.Detection of newly recognized rodent parvoviruses by PCR. J Clin Microbiol，33（11）：2859-2863.

Besselsen DG，Pintel DJ，Purdy GA，et al. 1996.Molecular characterization of newly recognized rodent parvoviruses. J Gen Virol，77：899-911.

Bootz F，Sieber I，Popovic D，et al. 2003. Comparison of the sensitivity of in vivo antibody production tests with *in vitro* PCR-based methods to detect infectious contamination of biological materials. Laboratory animals，37：341-351.

GB 14922.2—2011 实验动物微生物学等级及监测 .

GB/T 14926.28—2001 实验动物 小鼠细小病毒检测方法 .

实验动物科学丛书

I 实验动物管理系列

常见实验动物感染性疾病诊断学图谱（5）

实验动物科学史（10）

实验动物质量控制与健康监测（21）

II 实验动物资源系列

实验动物新资源（6）

悉生动物学（9）

III 实验动物基础科学系列

实验动物遗传育种学（8）

实验动物解剖学（13）

实验动物病理学（14）

实验动物营养学（15）

IV 比较医学系列

实验动物比较组织学彩色图谱（2，978-7-03-048450-5）

比较影像学（7）

比较解剖学（11）

比较病理学（12）

比较生理学（18）

V 实验动物医学系列

实验动物医学（20）

VI 实验动物福利系列

实验动物福利（16）

VII 实验动物技术系列

动物实验技术（19）

VIII 实验动物科普系列

实验室生物安全事故防范和管理（1，978-7-03-047319-6）

实验动物十万个为什么（17）

IX 实验动物工具书系列

中国实验动物学会团体标准汇编（第一卷）（3，978-7-03-053996-0）

中国实验动物学会团体标准汇编（第二卷）（4）

中国实验动物学会团体标准汇编（第三卷）（22）